计算机应用软件
全栈开发速成

JISUANJI YINGYONG RUANJIAN QUANZHAN KAIFA SUCHENG

罗海林 ◎ 编著

兰州大学出版社
LANZHOU UNIVERSITY PRESS

图书在版编目（CIP）数据

计算机应用软件全栈开发速成 / 罗海林编著. 兰州 : 兰州大学出版社, 2025. 7. -- ISBN 978-7-311-06957-5

Ⅰ. TP317

中国国家版本馆 CIP 数据核字第 202555YS66 号

责任编辑　张　萍
封面设计　程潇慧

书　　名　计算机应用软件全栈开发速成
　　　　　JISUANJI YINGYONG RUANJIAN QUANZHAN KAIFA SUCHENG
作　　者　罗海林　编著
出版发行　兰州大学出版社　（地址：兰州市天水南路222号　730000）
电　　话　0931-8912613（总编办公室）　0931-8617156（营销中心）
网　　址　http://press.lzu.edu.cn
电子信箱　press@lzu.edu.cn
印　　刷　甘肃浩天印刷有限公司
开　　本　787 mm×1092 mm　1/16
成品尺寸　185 mm×260 mm
印　　张　13.25
字　　数　274千
版　　次　2025年7月第1版
印　　次　2025年7月第1次印刷
书　　号　ISBN 978-7-311-06957-5
定　　价　86.00元

前　言

自计算机问世以来，一个问题便引发持续探讨：是人适应计算机，还是计算机适应人？答案显而易见，计算机的发展终应以适应人的需求为导向。因此，计算机技术呈现出一种独特的分化趋势：其使用界面日益简化，而开发复杂性却与日俱增。人们孜孜以求自动化编程的愿景，但在不同发展阶段，这一愿景常受限于硬件与网络的瓶颈，致使人工智能与自动化编程的发展历经几度兴衰。

如今，随着计算机硬件与网络技术（特别是5G移动通信技术）的蓬勃发展，形态各异的人工智能产品正深度融入大众生活。依靠单一编程语言“通吃天下”的时代已告终结，我们正步入一个全方位的、立体化的开发时代，其特点是广泛采用多种语言、多元化组件及框架。在此背景下，自动化编程技术再度成为热点。机缘巧合下，作者接触到若依（RuoYi）框架——这是一款基于Spring Boot和Spring Cloud打造的企业级快速开发平台，专注于高效构建后台管理系统。它集成了主流技术栈与中间件，能显著加速构建稳定、高效的应用系统，是当前自动化编程领域颇具代表性的优秀开源项目。该框架适用于各类Web应用（如网站后台、ERP、OA等）。开发者仅需设计好数据库结构，若依便能自动生成前端和后端核心代码。将生成的代码部署到对应目录，即可快速实现基础的查询、增加、修改、删除、数据导出（生成Excel表格）等功能。其简单易用、低出错率的特点，以及对移动客户端的良好支持，使其成为自动化编程的理想工具。

有感于此，作者编写了此书，以记录利用若依框架开发微信小程序《我的成长树》的心得，旨在为不同层次的开发者提供参考。具体开发流程：

（1）安全控制：以用户注册、菜单权限分配、数据权限分离为例，阐释如何修改代码来实现安全可靠的系统；

（2）功能拓展：以添加“用户同意勾选框”为例，说明如何增量式地编写功能代码；

（3）动态展示：以轮播图实现为例，展示数据动态呈现的方法；

（4）数据处理：以上传、增加、修改、删除、查询操作为例，介绍数据的加工与处理流程。

学习了以上内容，读者将能搭建前端渲染与后端服务器系统，娴熟地运用若依自动化编程能力，得心应手地开发类似库存管理系统的应用、APP以及微信小程序。结合豆包等AI编码工具，开发者更可如虎添翼，向构建类似ERP级别的大型软件系统迈进。为保持代码简洁与逻辑清晰，书中所涉及代码均专注于核心逻辑，保护性代码已做适当省略。

本书最大特点在于“立体式多入口”的学习法，打破了传统的循序渐进模式。读者可根据自身知识储备和需求，直接切入相关章节学习和实操：

（1）有经验的程序员，可借助若依的自动生成功能快速搭建基础框架，然后进行代码调整与二次开发，从而高效实现其设计目标；

（2）初学者，可直接利用若依的自动化能力快速生成应用成果，无须深究底层代码细节；

（3）需要补充特定技术知识（如Vue框架、HTML、CSS、JavaScript、Node.js、Element UI、UniApp、MySQL、Redis、Java、Maven、Tomcat、MyBatis、Spring Boot等）的读者，本书在环境搭建章节提供了相应的入门指引。

本书在编写过程中，参考了大量资料，在此一并致谢。

由于作者水平有限，书中错漏之处在所难免，恳请读者批评指正。

目 录

第一章　自动编程

若依（RuoYi）是一款基于Spring Bool和Spring Cloud的企业级快速开发系统，专注于企业级后台管理系统的构建。它集成了多种常用的技术栈和中间件，可帮助用户快速构建稳定、高效的应用系统，是目前自动编程非常优秀的开源快速开发系统之一。它可用于所有的Web应用程序，如网站管理后台、ERP、OA等。只需建好数据库，若依系统将自动生成前后台代码，将代码拷入相应目录，即可实现查询、增加、修改、删除、数据导出（生成Excel表格）等功能。若依系统简单易上手，出错概率低，还可支持移动客户端访问。

第一节　创建数据库

登录数据库（本书使用MySQL数据库），创建ry_vue数据库实例，在其下创建sys_czs表，如图1-1所示：

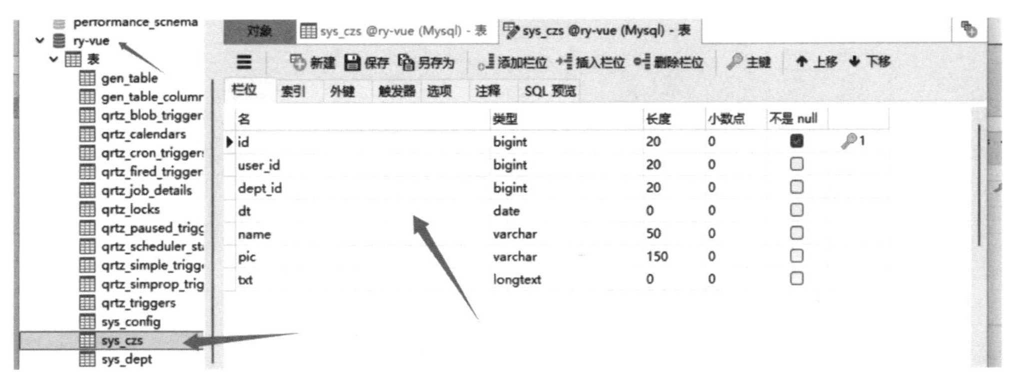

图1-1

或在ry-vue数据库实例下直接执行事先准备好的SQL语句文件myczssql.sql，如代码1-1所示：

```
-sys_czs表
CREATE TABLE'sys_czs' (
  'id' bigint(20) NOT NULL AUTO_INCREMENT COMMENT 'ID',
  'user_id' bigint(20) DEFAULT NULL COMMENT '操作员ID',
  'dept_id' bigint(20) DEFAULT NULL COMMENT '部门ID',
  'dt' date DEFAULT NULL COMMENT '日期',
  'name' varchar(50) DEFAULT NULL COMMENT '姓名',
  'pic' varchar(150) DEFAULT NULL COMMENT '图片',
  'txt' longtext COMMENT '描述',
  PRIMARY KEY ('id')
) ENGINE=InnoDB AUTO_INCREMENT=71 DEFAULT CHARSET=utf8
```

代码1-1

第二节　生成代码

生成代码的步骤：

1.登录若依系统

按提示输入“7-3=?”计算结果为4的验证码，单击“登录”按钮，如图1-2所示：

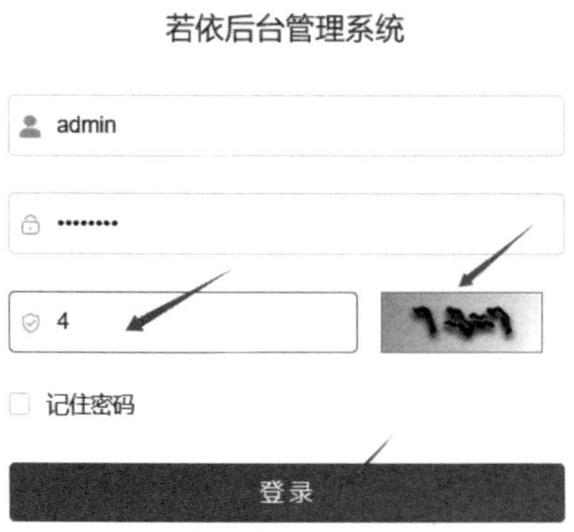

若依后台管理系统

admin

••••••••

4

记住密码

登录

图1-2

2.添加主菜单“我的成长树”

单击“系统管理->菜单管理->新增”，出现如图1-3所示画面。按屏幕提示输入菜单名称“我的成长树”，显示排序“1”，路由地址“myczs”，其他选择默认值；然后单击“确定”按钮。

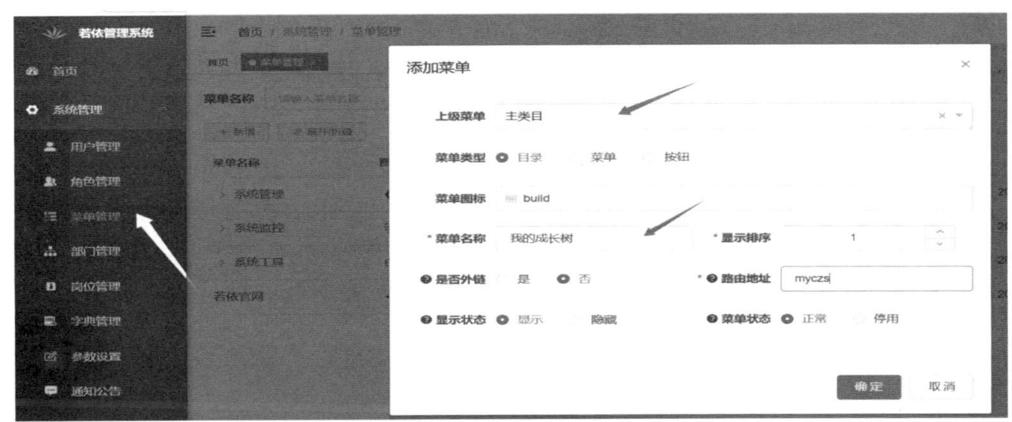

图1-3

3.代码生成

单击系统工具菜单下的“代码生成”菜单，出现如图1-4所示画面：

图1-4

4.导入数据库表

单击“导入”菜单，出现如图1-5所示的画面。选择已建好的sys_czs表，单击“确定”按钮，即可将该表导入系统。

图 1-5

5.填写基本信息

单击“修改”按钮，进入信息配置界面，如图1-6所示。单击“基本信息”，按提示输入表名称“sys_czs”，实体类名称“sysczs”，表描述“我的成长树表”。

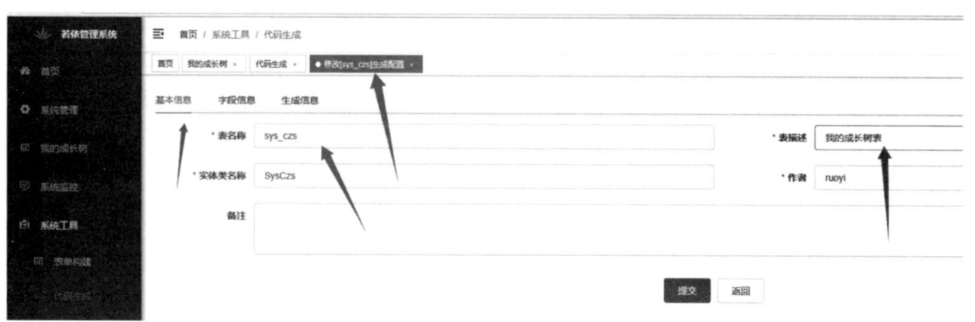

图 1-6

6.填写字段信息

本例保持默认信息。显示类型可选择文本框、下拉框、图片上传等类型，根据数据库表字段类型选择，如图1-7所示：

图 1-7

7.生成信息

生成模板：选择“单表（增删改查）”；

生成包路径：对应自己写的代码的包路径，如输入“com.ruoyi.myczs”；

生成业务名：后端controller类上@RequestMapping请求路径，输入“czs”；

生成代码方式：选择“zip压缩包”；

前端类型：选择“vue2 ElementUI模版”；

生成模块名：前端的模块名，与后端无关，输入“czs”；

生成功能名：用作类描述，输入“我的成长树”；

上级菜单：生成菜单的位置，选择“我的成长树”，如图1-8所示：

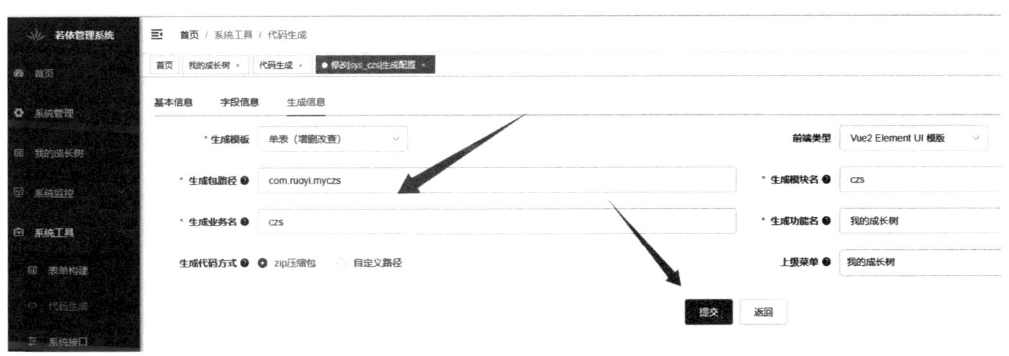

图1-8

8.代码生成

单击“提交”按钮，系统返回代码生成首页，如图1-9所示：

图1-9

选择sys_czs表行，单击“生成”菜单，系统将自动生成程序代码，并以压缩格式文件ruoyi.zip存储到计算机系统的“下载”目录下。将该文件解压，其中有main和vue两个文件夹和一个数据库文件czsMenu.sql。将main文件夹下的java和resources两个文件夹拷贝到后台系统src/main目录下，如图1-10所示：

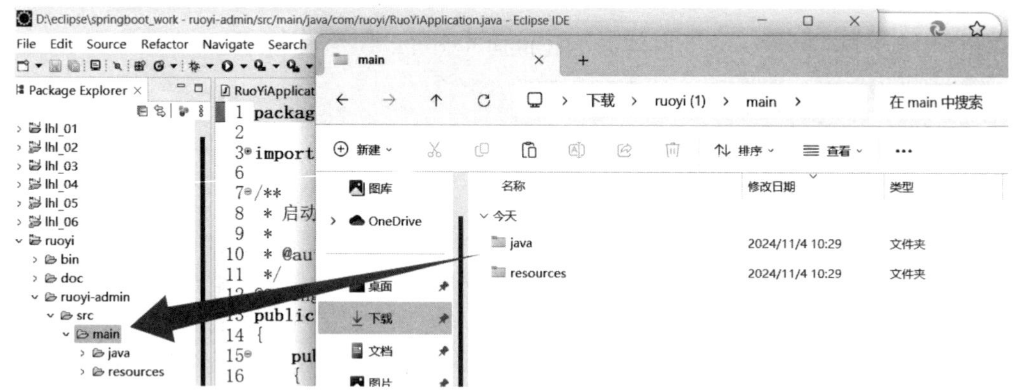

图 1-10

再将vue文件夹下的api和views两个文件夹拷贝到前台系统ruoyi_ui/src目录下，如图1-11所示：

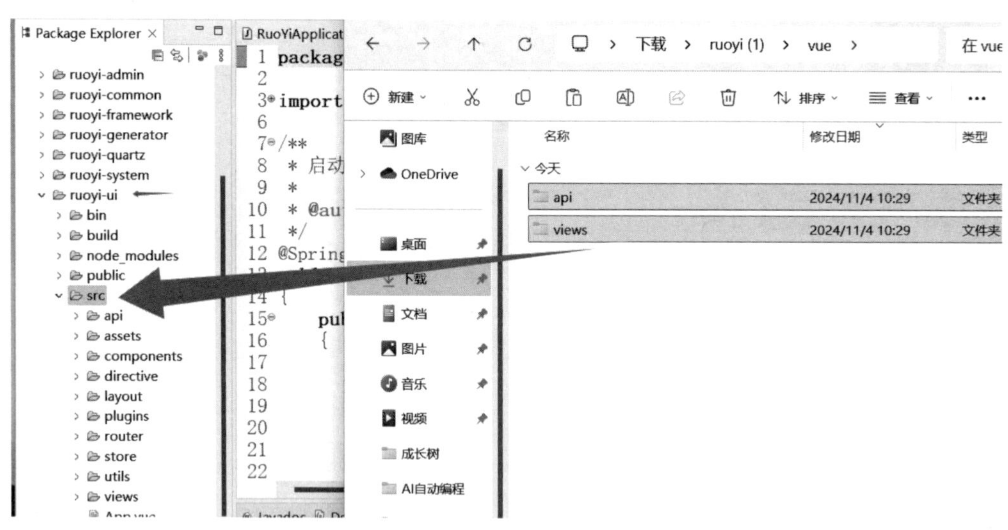

图 1-11

执行sql脚本，生成操作菜单按钮，如图1-12所示：

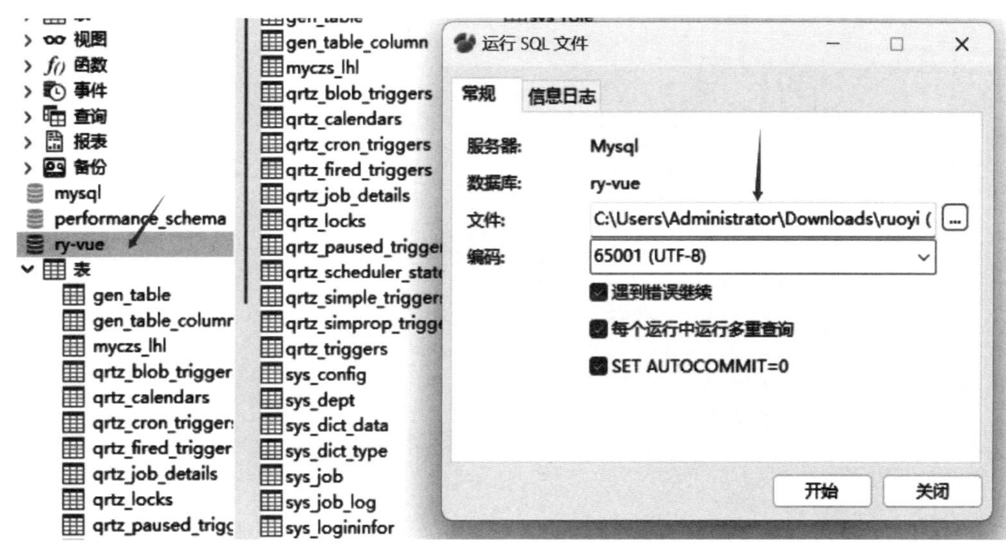

图 1-12

第三节 测试运行

重新启动前后台系统，登录若依系统，将看到“我的成长树”菜单和“新增、修改、删除、导出”等操作按键，如图 1-13 所示。至此，一个完整的管理软件就设计好了，可以实现查询、增加、修改、删除和导出功能。

图 1-13

第二章　前台系统搭建

第一节　Vue概述

根据若依前台运行环境要求，需要安装Vue。

Vue是一款用于构建用户界面的JavaScript框架。它基于标准HTML、CSS和JavaScript构建，提供了一套声明式的、组件化的编程模型，可高效地开发用户界面。无论是开发简单的还是复杂的界面，Vue都可以胜任。由Vue还衍生出了Element组件库、UniApp等应用框架。

一、HBuilder X

首先，下载一个编辑软件，用于编写代码。本书采用HBuider X编辑软件。

进入https://www.dcloud.io/hbuilderx.html网站，出现如图2-1所示画面，单击“Download for Windows”，即开始下载。

图2-1

然后，解压安装包到工作目录下，单击HBuilder X.exe安装文件，即可启动HBuilder X编辑软件。出现如图2-2所示的画面时，表示编辑软件安装成功，可以正常使用了。

图2-2

二、Vue安装

这里以安装Vue2.0为例［随着Vue版本的升级，其安装方法也会有所差异，具体方法可参考Vue官方网站（https://vuejs.org/）］。

建一个工作目录（自定义），如“d:\vue2”，以dos命令方式CMD进入该子目录，然后输入“npm install-g @vue/cli”并回车，出现如图2-3所示画面，等待命令运行完毕后输入“vue-version”，显示“@vue/cli 5.0.8”，表示安装成功。

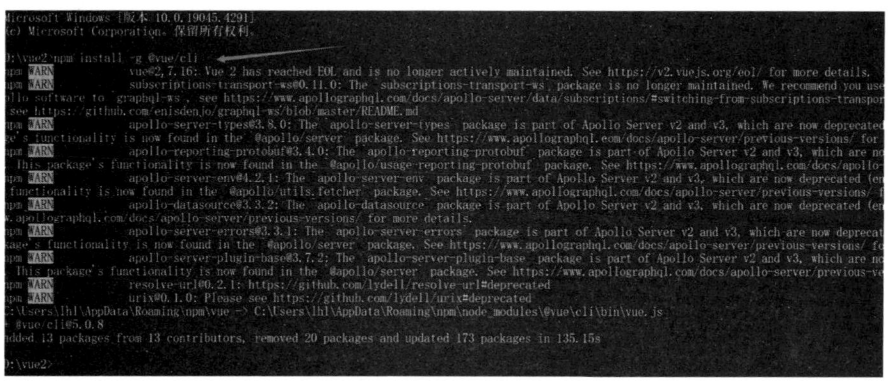

图2-3

输入“vue create my-project”命令，回答如图2-4所示画面的问题（用键盘的上下箭头键选择选项，按空格键表示选中或取消，按回车键表示确定）。

在这里选择“Manuallyselect features”（手动选择）。

```
Vue CLI v5.0.8
? Please pick a preset:
  Default ([Vue 3] babel, eslint)
  Default ([Vue 2] babel, eslint)
> Manually select features
```

图2-4

选择javascript编译器“Babel”和“Progressive Web App (PWA) Support”［支持渐进式Web应用程序（PWA）］，如图2-5所示：

```
npm
Vue CLI v5.0.8
? Please pick a preset: Manually select features
? Check the features needed for your project: (Press <space> to select, <a> to toggle all, <i> to invert selection, and <enter> to proceed)
 (*) Babel
 ( ) TypeScript
>(*) Progressive Web App (PWA) Support
 ( ) Router
 ( ) Vuex
 ( ) CSS Pre-processors
 ( ) Linter / Formatter
 ( ) Unit Testing
 ( ) E2E Testing
```

图2-5

版本选择2.x，如图2-6所示：

```
Vue CLI v5.0.8
? Please pick a preset: Manually select features
? Check the features needed for your project: Babel, PWA
? Choose a version of Vue.js that you want to start the project with
  3.x
> 2.x
```

图2-6

配置文件放到package.json文件中，如图2-7所示：

```
Vue CLI v5.0.8
? Please pick a preset: Manually select features
? Check the features needed for your project: Babel, PWA
? Choose a version of Vue.js that you want to start the project with 2.x
? Where do you prefer placing config for Babel, ESLint, etc.?
  In dedicated config files
> In package.json
```

图2-7

"是否要保存以上选择？"[Save this as a preset for future projects? (y/N)]，选择"N"（否），如图2-8所示：

```
npm
Vue CLI v5.0.8
? Please pick a preset: Manually select features
? Check the features needed for your project: Babel, PWA
? Choose a version of Vue.js that you want to start the project with 2.x
? Where do you prefer placing config for Babel, ESLint, etc.? In package.json
? Save this as a preset for future projects? (y/N)
```

图2-8

当出现如图2-9所示信息时，表示项目创建成功。

```
D:\vue2>vue --version
@vue/cli 5.0.8

D:\vue2>vue create my-project


Vue CLI v5.0.8
? Please pick a preset: Manually select features
? Check the features needed for your project: Babel, PWA
? Choose a version of Vue.js that you want to start the project with 2.x
? Where do you prefer placing config for Babel, ESLint, etc.? In package.json
? Save this as a preset for future projects? Yes
? Save preset as: vue2

�  Preset vue2 saved in C:\Users\lhl\.vuerc


Vue CLI v5.0.8
□  Creating project in D:\vue2\my-project.
�  Initializing git repository...
□□  Installing CLI plugins. This might take a while...


> core-js@3.37.0 postinstall D:\vue2\my-project\node_modules\core-js
> node -e "try{require('./postinstall')}catch(e){}"

added 982 packages from 508 contributors and audited 983 packages in 45.066s

144 packages are looking for funding
  run `npm fund` for details

found 2 moderate severity vulnerabilities
  run `npm audit fix` to fix them, or `npm audit` for details
�  Invoking generators...
�  Installing additional dependencies...

added 6 packages from 2 contributors and audited 989 packages in 7.413s

144 packages are looking for funding
  run `npm fund` for details

found 2 moderate severity vulnerabilities
  run `npm audit fix` to fix them, or `npm audit` for details
□  Running completion hooks...

�  Generating README.md...

�  Successfully created project my-project.
�  Get started with the following commands:

 $ cd my-project
 $ npm run serve
```

图2-9

根据提示，进入my-project目录，输入npm run serve启动项目，当出现如图2-10所示信息时，表示项目启动成功。

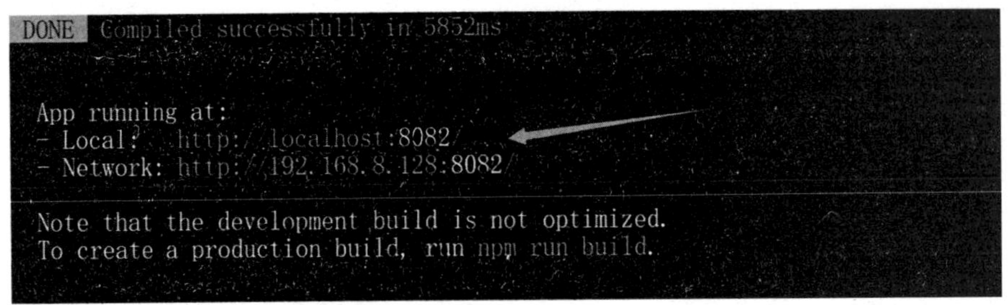

图2-10

根据提示，在浏览器中输入“http://localhost: 8082”地址或本地IP“http://192.168.8.128:8082”，将出现如图2-11所示画面，表示Vue安装成功。

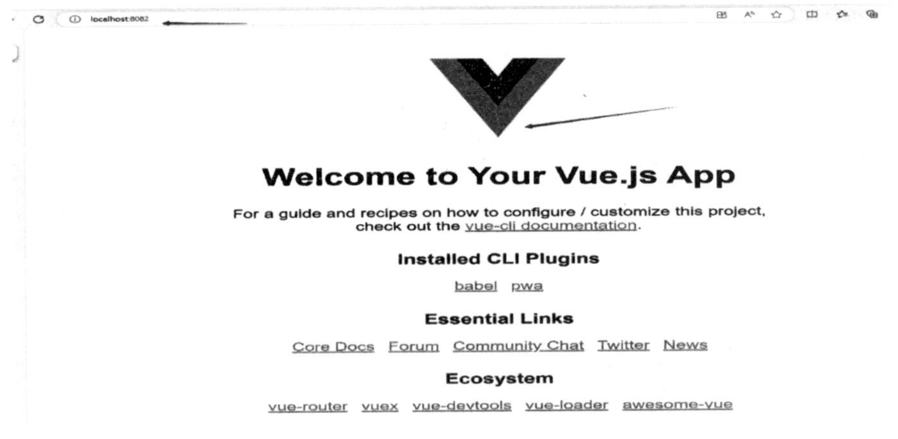

图2-11

三、Vue结构

打开HBuilder X编辑软件，单击“文件->导入->从本地目录导入”，选择vue2文件夹导入项目，在屏幕上出现如图2-12所示画面：

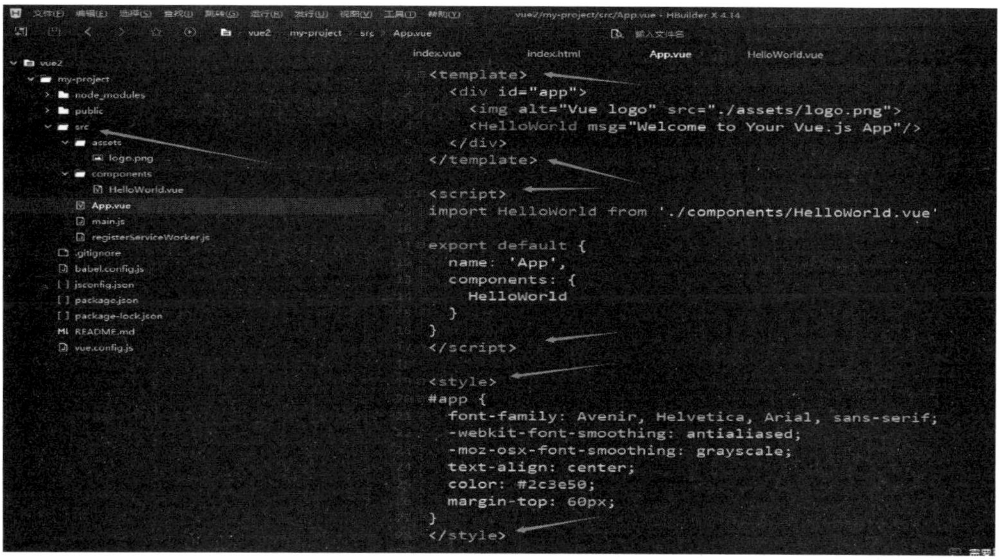

图2-12

左边的目录结构是系统自动生成的，是配置文件。只有src目录是我们要写代码的目录。

右边就是程序代码，通常被认为有三大结构：模板（template）、样式（style）和脚本（script）。下面简要介绍每个结构的作用：

模板：模板是组件的可视化部分，定义了组件的HTML结构。使用Vue的模板语法来绑定数据、渲染列表、条件渲染等。模板可以包含Vue的指令、插值表达式、事件绑定等，如代码2-1所示：

```
<template>
  <div>
    <h1>{{ message }}</h1>
    <button @click="increment">Increment</button>
  </div>
</template
```

代码2-1

样式：样式定义了组件的外观和布局。可以使用CSS、预处理器（如SASS、Less）、CSS框架等来编写样式。通常建议使用作用域样式，以确保样式只应用于当前组件，如代码2-2所示：

```
<style scoped>
  h1 {
    color: red;
  }
  button {
    background-color: blue;
    color: white;
  }
</style>
```

代码2-2

脚本：脚本定义了组件的行为和交互逻辑，通常使用JavaScript或TypeScript编写，包含了组件的属性、方法、生命周期等。处理数据逻辑、事件等，如代码2-3所示：

```
<script>
export default {
  data() {
    return {
      message: 'Hello, Vue!'
    };
  },
  methods: {
    increment() {
      // 逻辑处理
    }
  }
};
</script>
```

代码2-3

模板、样式和脚本三个部分共同构成了一个完整的Vue组件，分别负责组件的结构、样式和行为。在程序开发过程中，合理划分这三个部分有助于提高代码的可维护性和可读性。

第二节　HTML

一、概述

HTML的英文全称是 hyper text markup language，即超文本标记语言。HTML是由Web的发明者于1990年创立的一种标记语言。用HTML编写的超文本文档称为HTML文档，它能独立于各操作系统平台（如UNIX和Windows等）使用。将所需要表达的信息按某种规则写成HTML文件，通过专用的浏览器来识别，并将这些HTML文件“翻译”成可以识别的信息，即我们见到的网页。

用基本文本、文档编辑软件，如微软自带的记事本或写字板都可以编写，用.htm或.html作为扩展名，浏览器就可以直接解释并执行了。本书用HBuilder X编辑软件，直接在vue的框架下编写，文件扩展名为.vue。

二、内容

在HTML中，标题（headings）一共有6个等级，定义方法：<h1></h1>定义一级标题，<h2></h2>定义二级标题，<h3></h3>定义三级标题，<h4></h4>定义四级标题，<h5></h5>定义五级标题，<h6></h6>定义六级标题。

文本用<p> </p>定义。换行符为
。

三、示例

执行代码2-4。进入my-project目录，输入npm run serve启动项目，在浏览器中输入“http://localhost:8082”地址或本地IP“http://192.168.8.128:8082”，将出现如图2-13所示画面，表示代码运行成功。

```
<template>
  <div id="app">
    <h1>这是一级标题</h1>
    <h2>这是二级标题</h2>
    <h3>这是三级标题</h3>
    <h4>这是四级标题</h4>
```

代码2-4

```
    <h5>这是五级标题</h5>
    <h6>这是六级标题</h6>
    <p>定义文本</p>
    <p>随便字符<br/> -换行符</p>
  </div>
  </template>
  <script>
  </script>
  <style>
</style>
```

续代码2-4

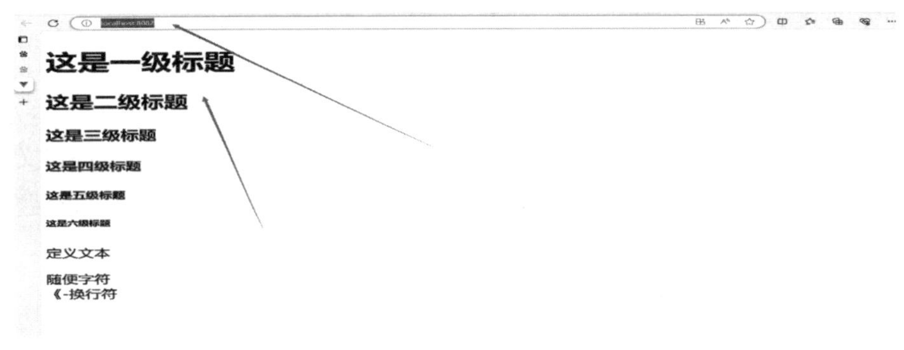

图2-13

第三节 CSS

一、概述

层叠样式表 (cascading style sheets，CSS)是一种用来表现HTML等文件样式的计算机语言。CSS不仅控制网页样式，还允许样式代码与网页内容分离；CSS不仅可以静态地修饰网页，还可以配合各种脚本语言动态地对网页各元素进行格式化；CSS不仅对网页中元素位置的排版进行像素级精确控制，还支持几乎所有的字体、字号样式。简单地说，CSS就是为了使HTML语言能够更好地适应页面的美工设计工具。

二、CSS的使用方式

1.行内式

行内式，就是把CSS写进HTML标签里面，用style属性来设置CSS样式。如代码“style="font-size:30px;color:red;”，设置CSS样式为字号30px（px为像素单位），颜色为红色，如代码2-5所示：

```
<template>
  <div id="app">
    <p style="font-size:30px;color:red;">定义文本</p>
  </div>
</template>
```

代码2-5

执行结果如图2-14所示：

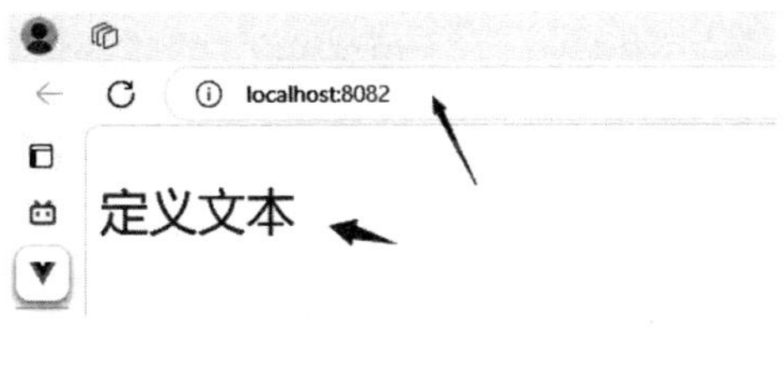

图2-14

2.嵌入式

嵌入式，就是把CSS样式写进style标签里面，Vue常用这种模式，如代码2-6所示，字号为40px，颜色为绿色。需要特别注意的是，把要修饰的文本和样式用<p>标签关联。

```
<template>
   <div id="app">
    <p>定义文本</p>
   </div>
</template>
```

代码2-6

```
 <script>
 </script>
 <style >
     p {
        font-size:40px;
        color:green;
     }
</style>
```

续代码2-6

执行结果如图2-15所示：

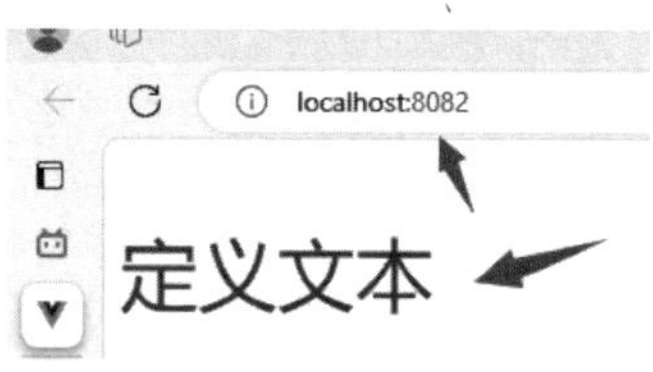

图2-15

三、常用属性

1.字体颜色属性

```
color:"blue"
color:"#eee"
color:"rgb(255,255,255)"
color:"rgba(255,255,0,0.5)",   #透明度为0.5
```

2.字体属性

```
P{
  font-family: "微软雅黑";  #设置字体
  font-size:14px;   字体大小
  font-weight: lighter;  #字体粗细，也可以设置数值
  font-style: oblique;  #字体的样式，这里设置为斜体
}
```

3.背景

```
.div1{
```

```
    background-color: gray;  #背景颜色
    background-image: url("1.log");  #背景图片
    background-position: right top;
#背景的位置，这里设置在右上角，横向（left,right,center）,纵向（top,bottom,center）也可以设置数值（200px 20px）
    }
```

4.文本属性

```
.div1{
    text-align: center;  #设置文本居中
    line-height: 50px;  #设置行高，行高等于height的值就可以实现文本垂直居中
    text-indent: 100px;  #首行缩进
    letter-spacing:100px;  #每个字符之间的距离
    word-spacing: 100px;  #每个单词的距离,对中文无效
    }
```

5.边框属性

```
.div{
     border-style: solid;  #边框样式
     border-color:red;  #边框颜色
     border-width: 10px:  #边框粗细
     }
#可以简写为:
.div{
     border:10px solid red;
     }
#还有设置边框圆角的:
.div{border-radius:50%; }
```

6.列表属性

```
ul,ol{
      list-style:none;
}
```

7.display属性（显示）

```
.div{
    display: none;  #隐藏元素，但是元素不在文档里
```

display: inline-block; #设置元素为内联块级元素，既有内联样式的一行可显示多个元素，也可设置宽高，多用于页面布局

display: block; #设置元素为块级元素

display: inline; #设置元素为内联元素

}

外边距和内边距，如图2-16所示：

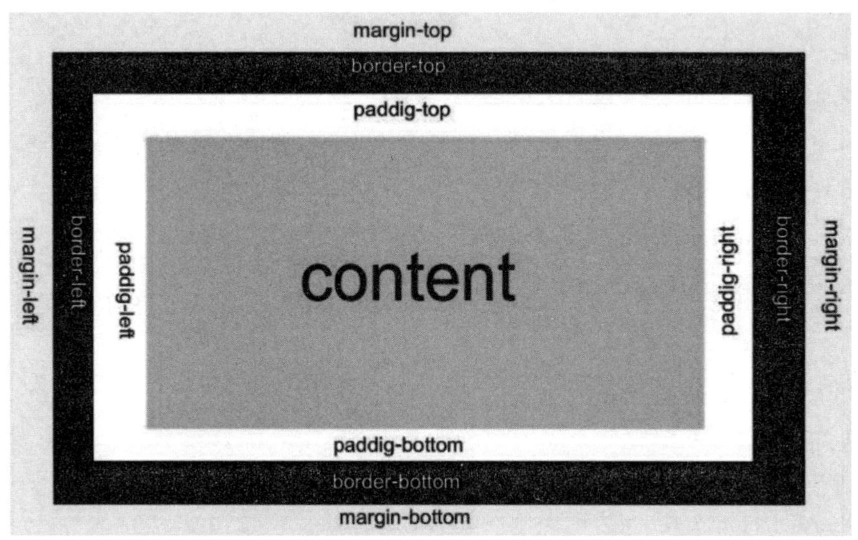

图2-16

margin：用于控制元素与元素之间的距离。margin最基本的用途就是控制元素周围空间的距离，以在视觉上达到元素相互隔开的目的。

padding：用于控制内容与边框之间的距离。

border（边框）：围绕在内边距和内容外的边框.

content（内容）：盒子的内容，显示文本和图像。

第四节　JavaScript

一、概述

JavaScript是一种直译式脚本语言。它的解释器被称为JavaScript引擎，是浏览器的一部分，广泛用于客户端的脚本语言，最早是在HTML网页上使用，用来给HTML网页增加动态功能。

二、引入

在<script>标签内直接写入JavaScript语句，代码可自动执行。如在代码2-7的<script>标签中写入“alert("您好！");”语句，则弹窗显示“您好!”。这个叫内部引入，当然也可用外部引入。

```
<script>
  alert("您好！");
</script>
```

代码2-7

执行结果如图2-17所示：

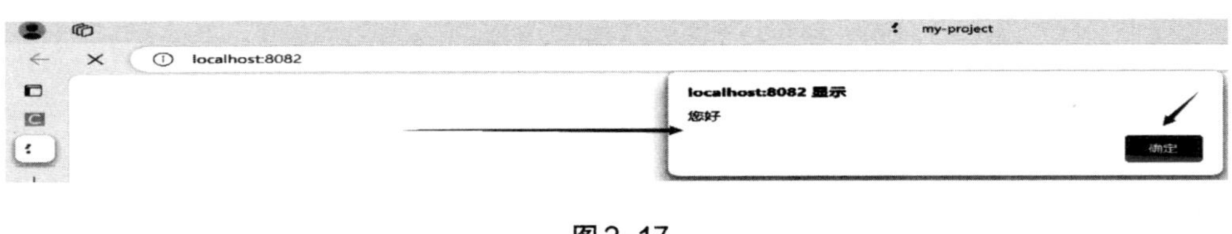

图2-17

单击“确定”按钮后，接着执行其他语句。

三、语法

1.定义变量

变量类型为“变量名=变量值;”，如代码2-8所示“name="张三";”，则弹窗显示“张三”。

```
<!--JavaScript严格区分大小写-->
<script>
var name="张三";
  alert(name);
</script>
```

代码2-8

执行结果如图2-18所示：

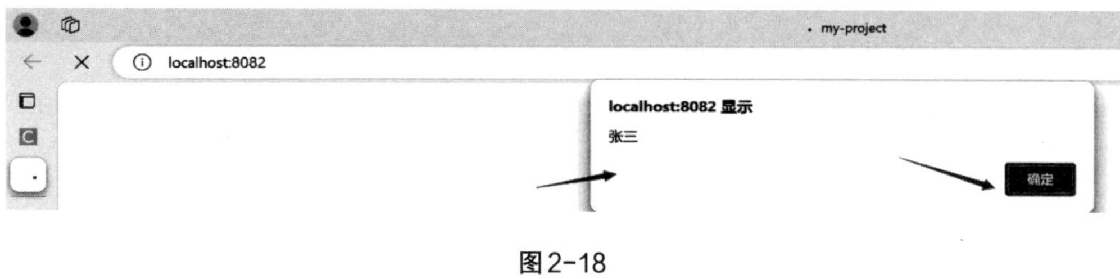

图2-18

2.条件语句

如代码2-9所示，当条件2>1成立时，则弹窗显示“true”；当条件不成立时，则不显示。

```
<script>
  if(2>1){
    alert("true");
  }
</script>
```

代码2-9

执行结果如图2-19所示：

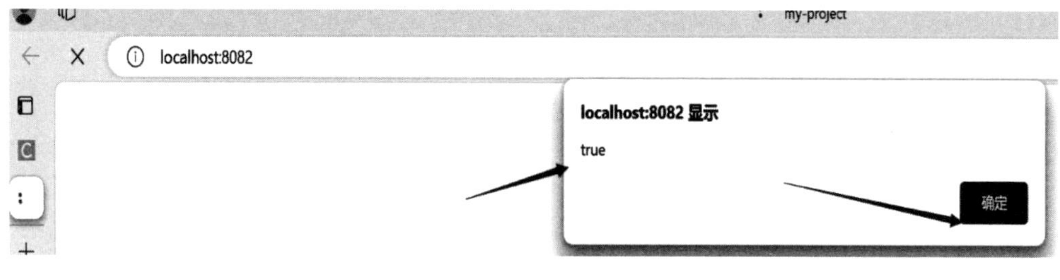

图2-19

3.循环语句

如代码2-10所示，控制循环输出0～9的数字。

```
for(let i=0;i<10;i++){
  console.log(i)
 }
```

代码 2-10

执行结果如图 2-20 所示：

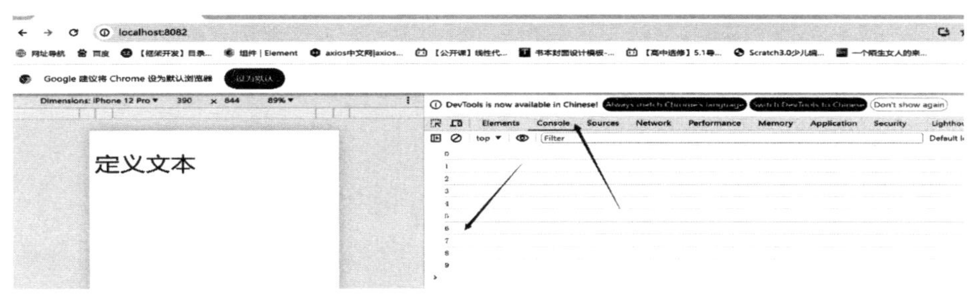

图 2-20

4.遍历数组

如代码 2-11 所示，在控制台输出数组 arr 中的“3,4,5”。

```
var arr=[3,4,5];
for(var x of arr){
    console.log(x)
  }
```

代码 2-11

执行结果如图 2-21 所示：

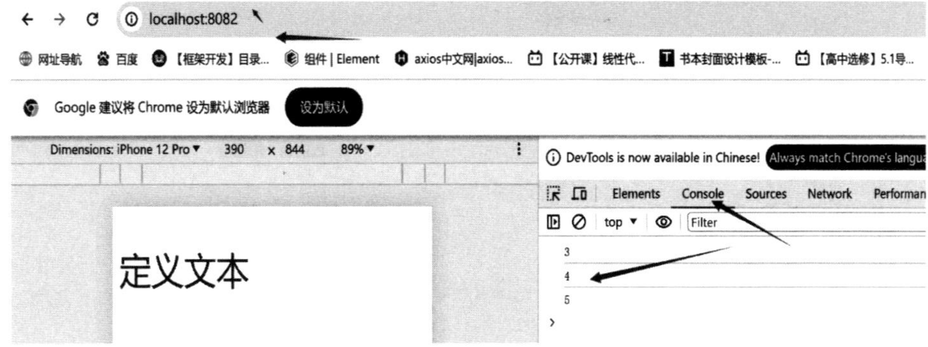

图 2-21

5.对象

在JavaScript中用大括号{}表示一个对象，括号里边用键值对描述属性，多个属性之间使用逗号隔开，最后一个属性不加逗号。所有的键都是字符串，值是任意对象。格式如代码2-12所示：

```
var 对象名={
   属性名:属性值,
   属性名:属性值,
   属性名:属性值
}
//定义一个person个人对象,它有三个属性:姓名,年龄,邮箱
var person={
   name:"张三",
   age:23,
   eail:"132546@qq.con",
}
//在控制台输出对象属性
console.log(person.name,person.age,person.eail)
```

代码2-12

执行结果如图2-22所示：

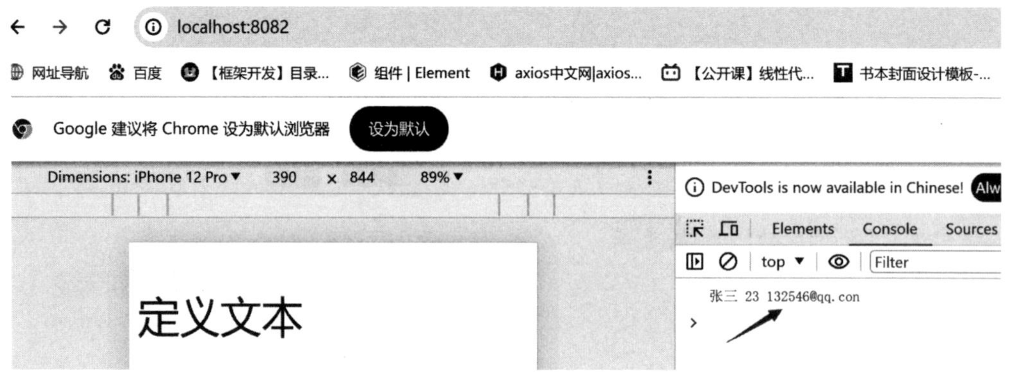

图2-22

6. 函数

函数就是封装了一段可被重复调用执行的代码块，通过此代码块可以实现大量代码的重复使用。函数分为声明函数和调用函数两种。

（1）声明函数

```
function 函数名() {
  //函数体代码
}
```

function 是声明函数的关键字，必须小写。函数可以传递参数，如果需要返回函数值，用return语句。

（2）调用函数

函数名()

函数一般是为了实现某个功能而定义的，通常用动词命名，比如getSum。

①无参数函数，如代码2-13所示：

```
<script>
    function putsomething(){
        console.log("打开冰箱门");
        console.log("把大象放进去");
        console.log("关上冰箱门");
    }
    putsomething();   //调用函数
</script>
```

代码2-13

执行结果如图2-23所示：

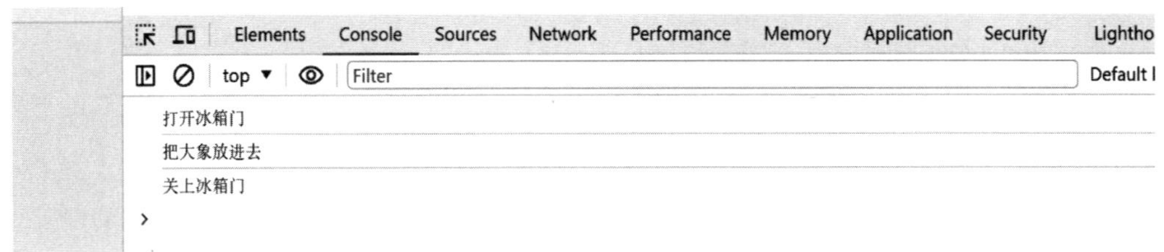

图2-23

这是一个表示把大象放到冰箱里的函数：打开冰箱门，把大象放进去，关上冰箱门。

其实放任何东西都是这三步，没必要每次都写这么多代码，只需要将不同的内容用参数代替。如放小狗，参数就是“小狗”；如放小鸡，参数就是“小鸡”。这就是使用函数的方便之处。

②带参数函数，如代码2-14所示：

```
<script
    function putsomething(something){
        console.log("打开冰箱门");
        console.log("把"+something+"放进去");
        console.log("关上冰箱门");
    }
    putsomething("小狗");
</script>
```

代码2-14

执行结果如图2-24所示：

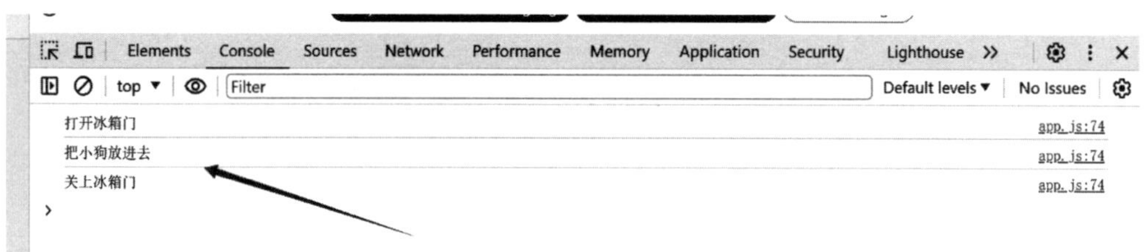

图2-24

③带返回值函数，两数相加，返回结果“和”，并将其赋值给变量，再输出到控制台，如代码2-15所示：

```
<script>
    function add(a,b){
        return a+b
    }
    result=add(3,5);
    console.log(result);
</script>
```

代码2-15

执行结果如图2-25所示：

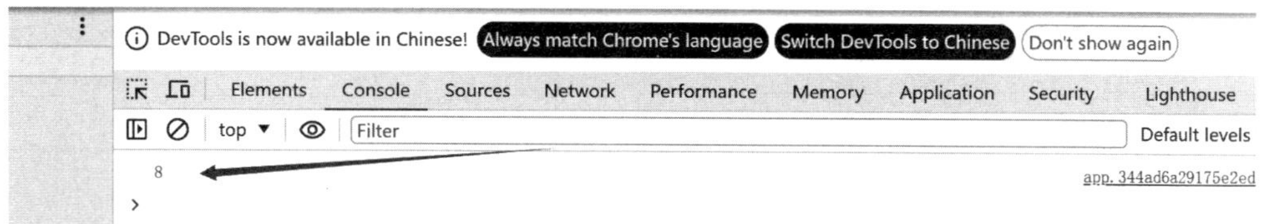

图2-25

7.方法

当把函数和对象写在一起时，函数就变成了“方法”（method）。简单地说，方法就是把函数放在对象里面。也就是说，对象由属性和方法组成，如代码2-16所示：

```
<script>
    var person={
      name:"张三",
      age:23,
      eail:"132546@qq.con",
        run:function(){
          console.log(this.name+"在跑步！ ")    //这里的this指向的是person这个对象
          }   //run(自定义)就成了该对象的一个方法
        }
    //调用对象person中的方法run。
    person.run()
</script>
```

代码2-16

执行结果如图2-26所示：

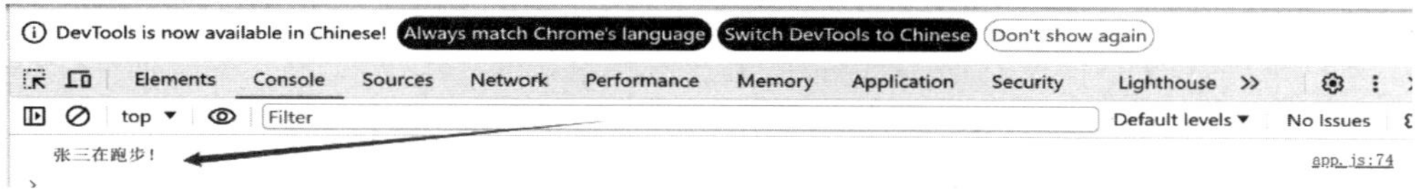

图2-26

第四节　Node.js

一、概述

Node.js是一个开源的、跨平台的JavaScript运行环境，用于开发服务器端和网络应用程序。它可以让JavaScript代码在服务器端运行，从而实现使用JavaScript开发后端的功能。Node.js基于Chrome的V8引擎，并对V8引擎进行了封装和优化，使其更适合在服务器端运行。Node.js采用事件驱动和非阻塞I/O模型，轻量且高效，非常适合构建运行在分布式设备上的数据密集型实时应用，是一个可用于几乎任何项目的流行工具。

简单地说，Node.js是一个可以使JavaScript运行在服务器端的开发平台，JavaScript是一种Web前端语言，Node.js让JavaScript成为服务器端脚本语言。

二、安装

进入https://nodejs.p2hp.com官方网站，出现如图2-27所示画面，单击“下载Node (LTS)”，开始下载。

图2-27

双击下载好的node-v20.13.1-x64.msi文件，出现如图2-28所示的安装画面。根据屏幕提示单击“Next”按钮完成安装。安装路径默认是C:\Program Files\nodejs。

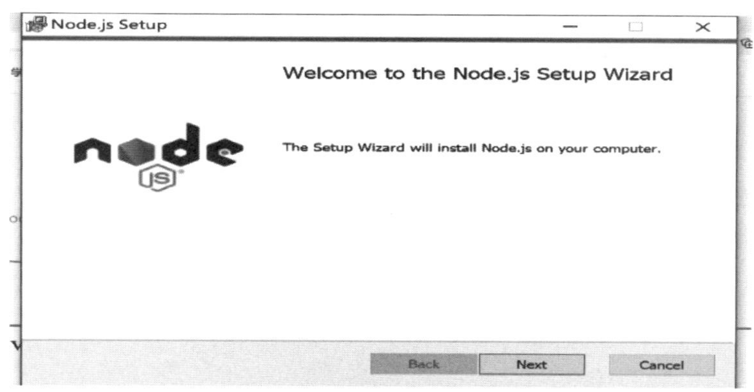

图2-28

按Windows+R键进入运行窗口，输入“cmd”后单击“确定”按钮，进入dos窗口，输入“node-v”命令，显示当前版本号，说明Node.js安装成功，如图2-29所示：

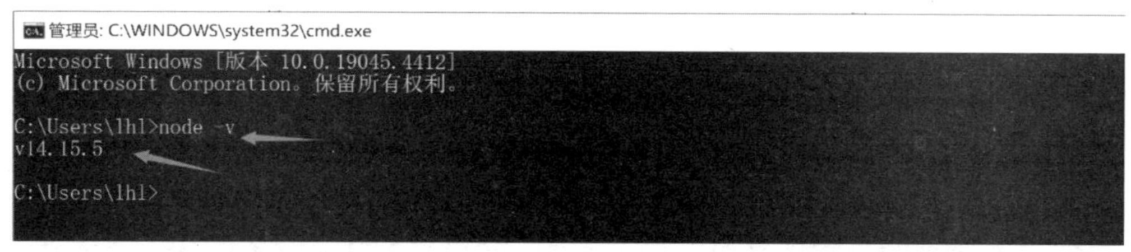

图2-29

三、第一个Node.js服务器程序

打开HBuilder X编辑软件，在vue2目录下创建一个c1子目录（自定义目录名）；然后建一个JS文件（自定义文件名），在此指定文件名为index.js，系统自动产生扩展名；接着写入如代码2-17所示的服务器代码：

超文本传输协议（hypertext transfer protocol，HTTP）是一个简单的请求响应协议，指定了客户端可能发送给服务器什么样的消息以及得到什么样的响应，它是万维网（world wide web,WWW）数据通信的基础。

用代码2-17建立了一个简单的服务器，当在浏览器访问http://127.0.0.1:3000地址时，服务器响应返回“hello,Node.js”字符串并显示在浏览器中。

```
//加载http模块
var http = require("http");
console.log("请打开浏览器,输入地址 http://127.0.0.1:3000/"
//创建http服务器,监听网址127.0.0.1 端口号3000
http.createServer(function(req,res){
    res.end('hello,Node.js!');
    console.log("服务器正常！ ");
}).listen(3000,'127.0.0.1'
```

代码2-17

在控制台进入D:\vue2\c1子目录，然后输入“node index.js”启动服务器，当看到“请打开浏览器，输入地址 http://127.0.0.1:3000/”提示时，表示服务器启动成功，如图2-30所示：

图2-30

这时，在浏览器地址栏输入“http://127.0.0.1:3000”，屏幕上显示 “hello,Node.js!”，同时在控制台显示“服务器正常!”，如图2-31所示：

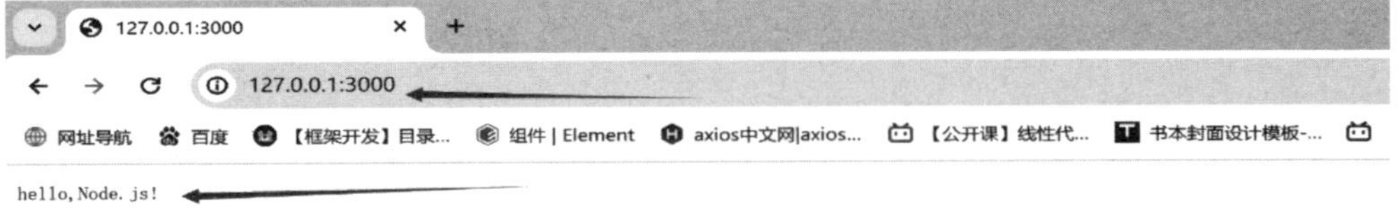

图2-31

第六节　Element

一、概述

Element是饿了么公司前端开发团队研发的一套基于Vue的网站组件库，包括提前封装好的UI模板，开发者可快捷地构建网页。其主要内容有超链接、按钮、图片和表格等。进入Element官方网站（https://element.eleme.cn/#/zh-CN），即可看到相应组件的界面，如图2-32所示。需要其中的组件时，直接复制相应代码就可以使用了。

图2-32

二、安装

在已创建Vue项目的前提下，根据Element官方网站（https://element.eleme.cn/#/zh-CN/component/installation）描述，在编辑软件HBuilder X中打开项目所在目录，在终端“PS D:\vue2\my-project>”命令提示符下，输入“npm i element-ui-S”命令，即开始安装，当再次出现提示符时，表示安装成功。如图2-33所示：

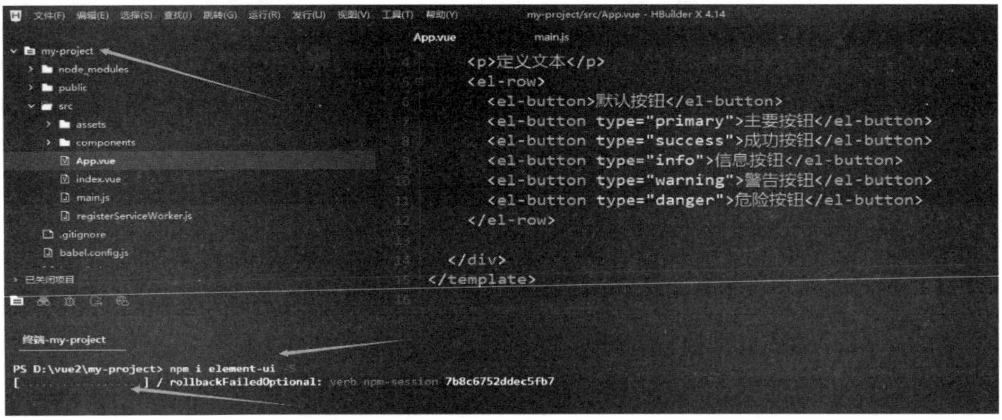

图2-33

三、引入

打开main.js文件，添加如图2-34所示代码，便引入了Element插件。

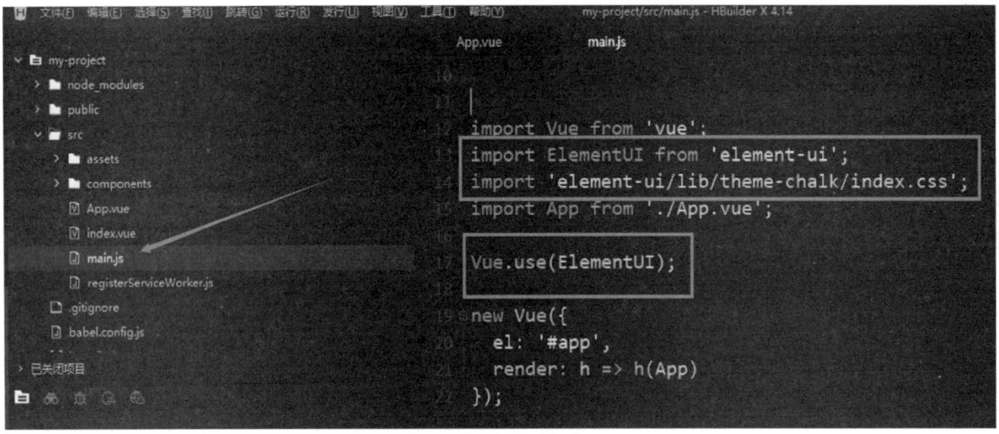

图2-34

四、使用

将Element官方网站提供的相应代码直接复制过来，就可以使用了，如图2-35所示：

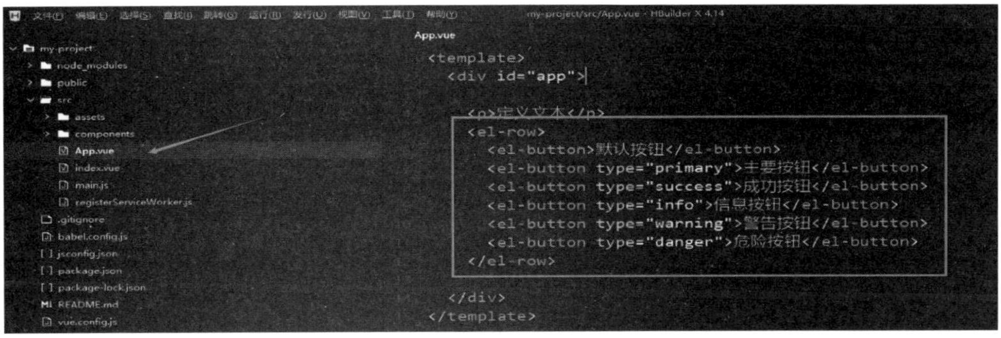

```
<template>
  <div id="app">

    <p>定义文本</p>
    <el-row>
      <el-button>默认按钮</el-button>
      <el-button type="primary">主要按钮</el-button>
      <el-button type="success">成功按钮</el-button>
      <el-button type="info">信息按钮</el-button>
      <el-button type="warning">警告按钮</el-button>
      <el-button type="danger">危险按钮</el-button>
    </el-row>

  </div>
</template>
```

图2-35

执行结果如图2-36所示：

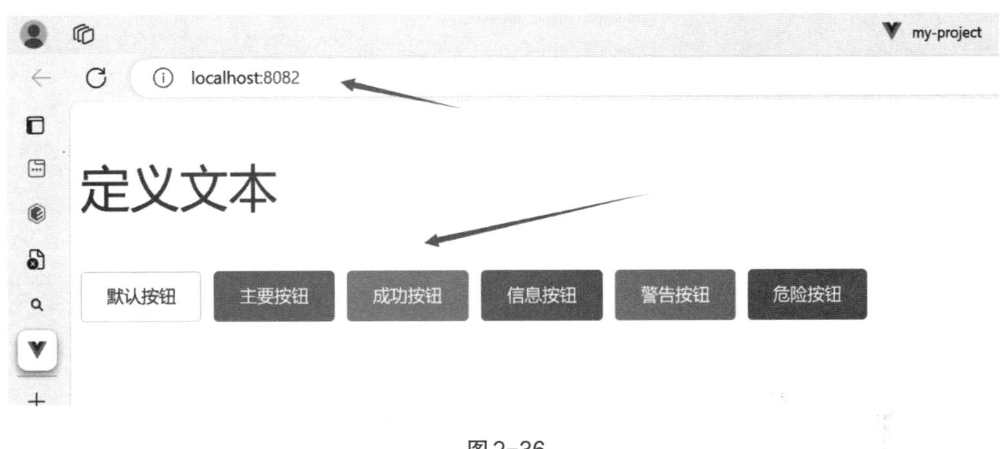

图2-36

第七节　UniApp

一、概述

UniApp是一个使用Vue.js开发所有前端应用的跨平台框架。它允许开发者通过编写代码将应用发布到iOS、Android、Web（响应式），以及各种小程序（如微信、支付宝、百度、头条、QQ、钉钉、淘宝）等多个平台。UniApp旨在通过提供统一的应用程序接口（application programming interface，API）来访问不同平台的原生功能，从而简化开发流程，提高开发效率和代码复用性。

二、准备

UniApp是基于Vue.js框架开发的，因此我们需要熟悉Vue.js的基本语法和特性，还需要安装Node.js和HBuilder X等开发工具，以便进行代码编辑和项目管理。

下载安装“微信开发者工具”。进入https://developers.weixin.qq.com/miniprogram/dev/devtools/download.html微信官方小程序，单击“下载”菜单，选择windows64版本，开始下载，如图2-37所示：

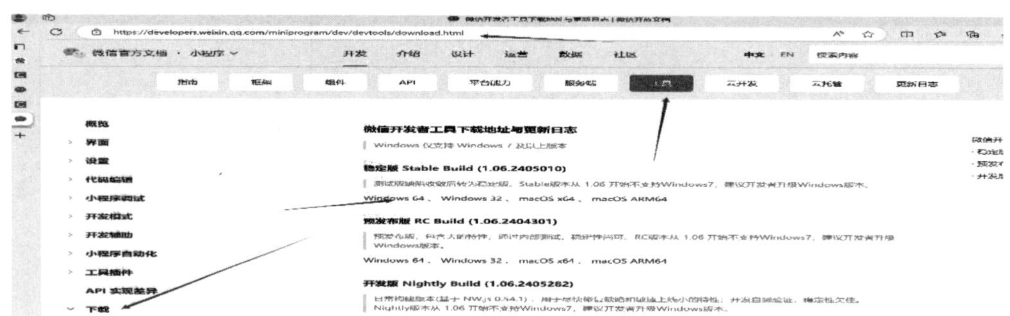

图2-37

双击下载文件wechat_devtools_1.06.2405010_win32_x64.exe即开始安装。记住安装路径，如图2-38所示：

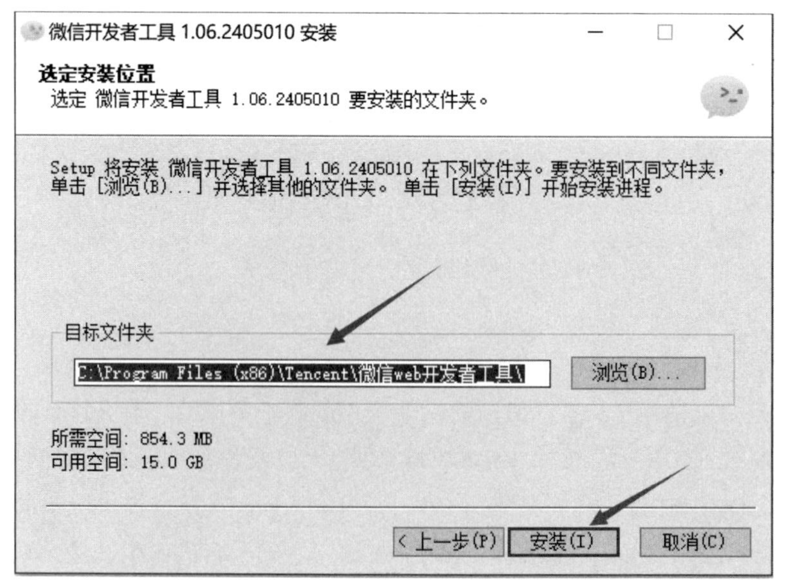

图2-38

在 HBuilder X 中进行路径配置。单击“运行->运行到小程序模拟器->运行设置->微信开发者工具路径”，输入安装路径即可，如图 2-39 所示：

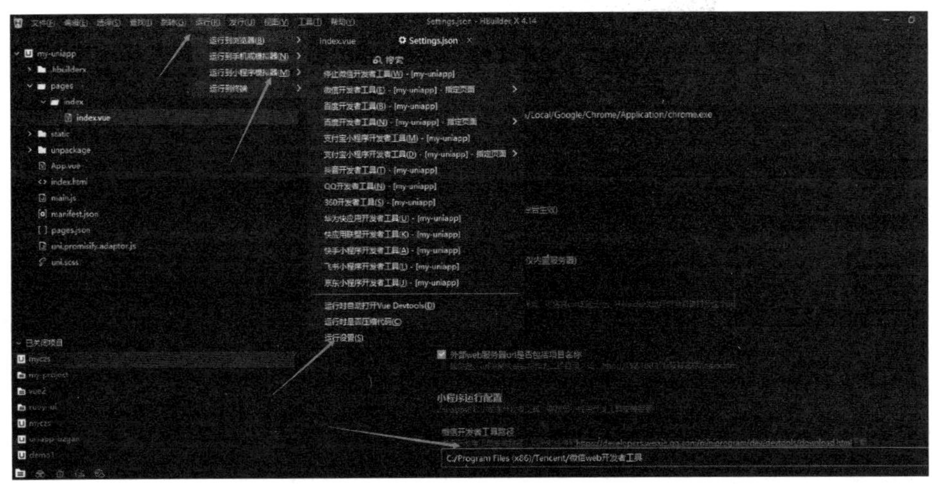

图 2-39

三、使用

在 HBuilder X 编辑软件中单击“文件->新建->项目”，出现如图 2-40 所示的界面；然后选“uni-app”项目，输入文件名“myuinapp”，路径为“D:/vue2”，指定默认模板，选 Vue 版本号“3”，单击“创建”按钮，系统开始创建项目。

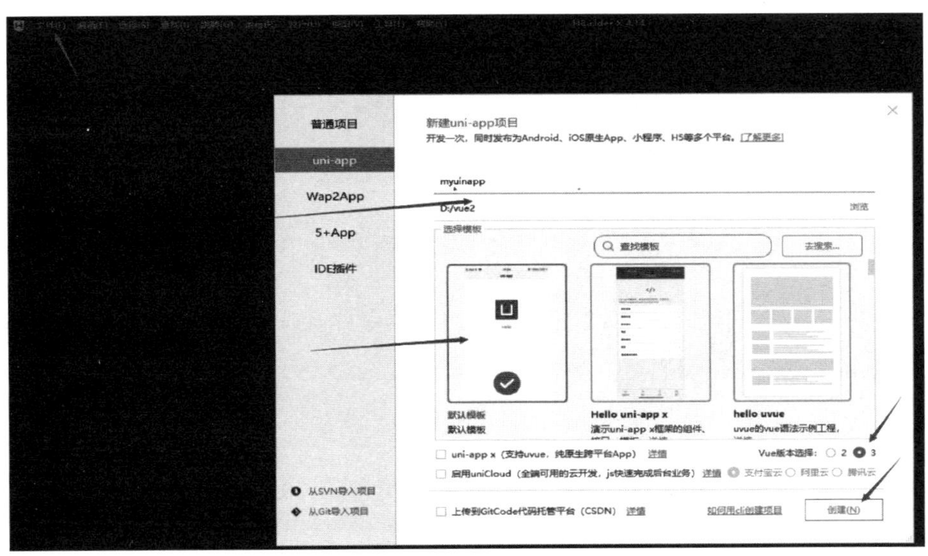

图 2-40

出现如图2-41所示的画面，表示项目创建成功，可以在浏览器和小程序中运行了。至此，UniApp调试成功。

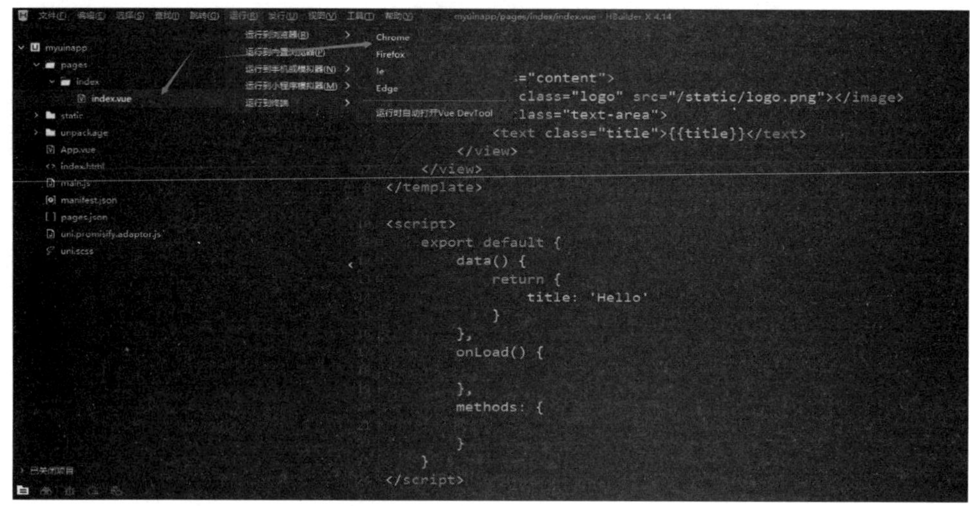

图2-41

浏览器运行结果如图2-42所示：

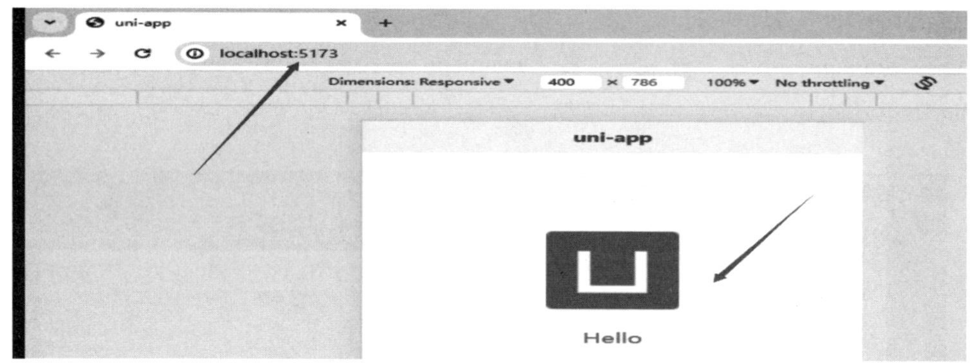

图2-42

小程序运行结果如图2-43所示。微信小程序编译后放在项目中的unpackage\dist\dev\mp-weixin目录下。

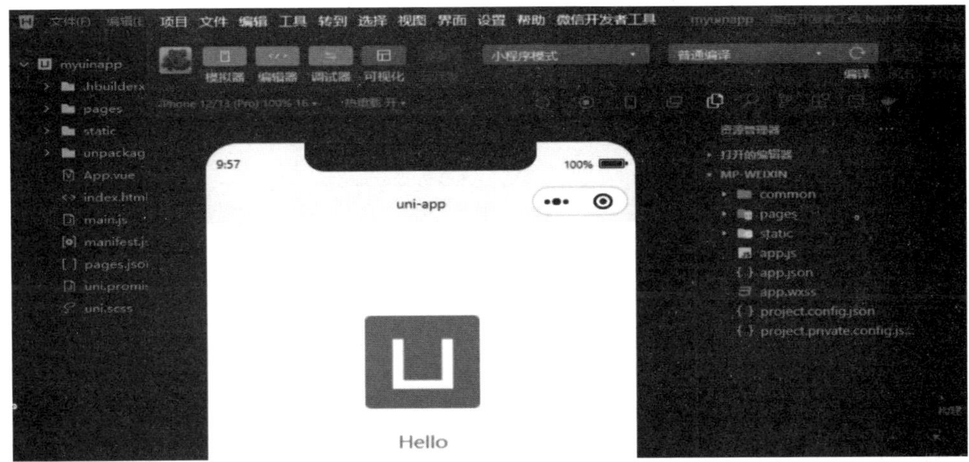

图2-43

四、示例

轮播代码如代码2-18所示：

```
<template>
    <view class="home">
        <!--circular设置循环轮播,autoplay设置自动轮播,interval轮播间隔-->
        <swiper circular
                autoplay=true
                interval=2000
                @change="swiperChange">
            <!-- v-for循环遍历数组 -->
            <swiper-item v-for="item in pic1">
                <image :src="item"></image>
            </swiper-item>
        </swiper>
    </view>
</template>
<script>
    export default {
        data() {
```

```
        return {
            id:0,
            pic1: ["/static/logo.png","/static/fu.jpg","/static/code.jpg"], //轮播图片数据
            }
        },
            swiperChange(e) { // 获得轮播索引号
                this.id = e.detail.current
            }
        }
</script>
<style lang="scss">
    .home {
        swiper {
            width: 750rpx;
            height: 470rpx;
            image {
                width: 100%;
                height: 100%;
            }
        }
    }
</style>
```

代码 2-18

在浏览器、微信小程序上分别轮播指定图片，如图 2-44 所示：

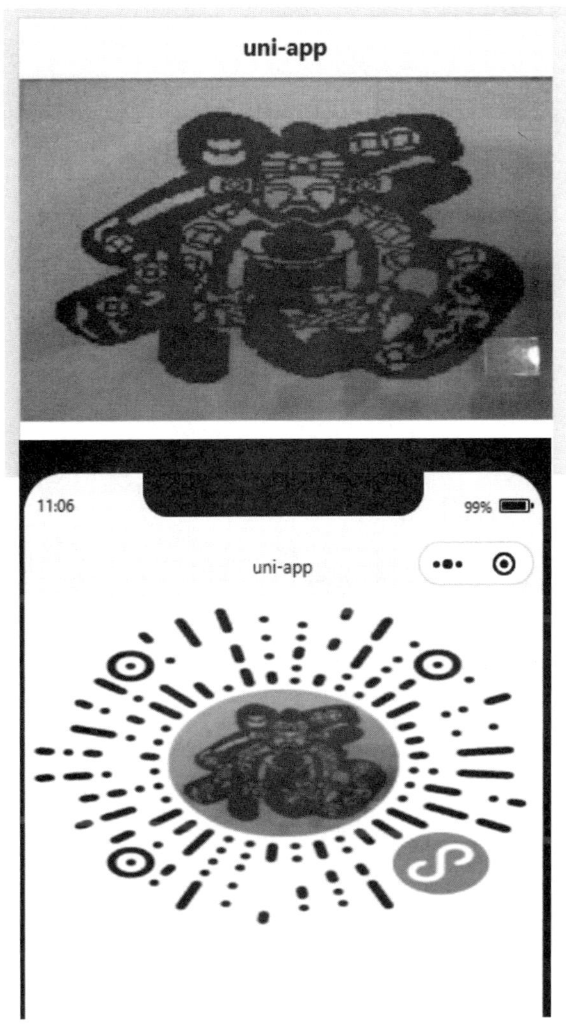

图2-44

将指定的图片以瀑布模式显示在屏幕上，如代码2-19所示：

```
<template>
    <waterfall column-count="2" column-width="auto">
      <cell v-for="item in pic1" >
       <image :src="item"></image>
      </cell>
    </waterfall>
```

代码2-19

```
</template>
<script>
    export default {
        data() {
            return {
                //图片数据
                pic1: ["/static/logo.png","/static/fu.jpg","/static/code.jpg"],


            }
        },
    }
</script>
<style lang="scss">
</style>
```

续代码2-19

执行结果如图2-45所示，在浏览器和微信小程序上分别以瀑布平铺的方式显示。

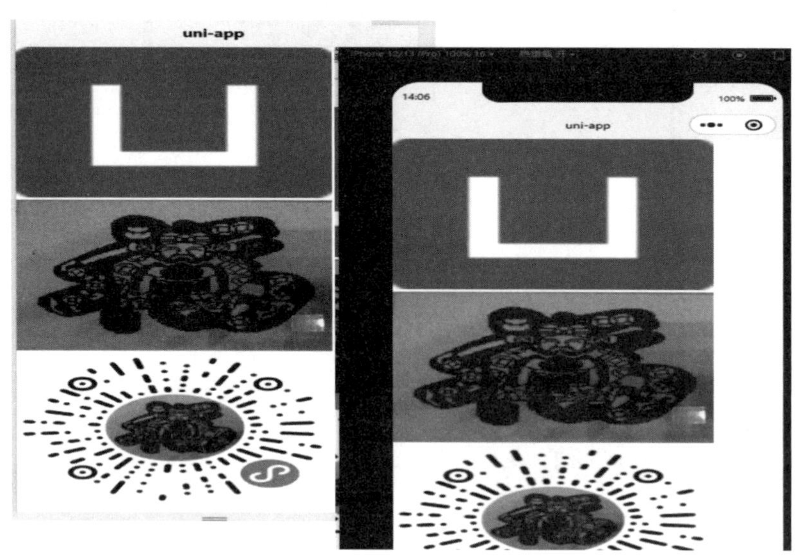

图2-45

第三章　后台系统搭建

第一节　Java

一、概述

计算机语言是指用于人与计算机之间通信的语言，是人与计算机之间传递信息的媒介。为了使计算机进行各种工作，就需要有一套用以编写计算机程序的数字、字符和语法规则，由这些字符和语法规则组成计算机的各种指令（或各种语句），这些就是计算机能接受的语言。

Java是一门面向对象的编程语言，具有功能强大和简单易用两个主要特征。Java语言作为静态面向对象编程语言的代表，极好地实现了面向对象的理论，允许程序员以优雅的思维方式进行复杂的编程。Java具有简单性、面向对象、分布式、健壮性、安全性、平台独立与可移植性、多线程、动态性等特点。Java可以编写桌面应用程序、Web应用程序、分布式系统应用程序和嵌入式系统应用程序等。

二、JDK

Java开发工具包（Java development kit ，JDK），也称Java开发包或Java开发工具。JDK是整个Java开发的核心，包括Java运行环境（Java runtime environment）、一些Java工具和Java的核心类库（Java API）。不论是什么Java应用服务器，实质都是内置了某个版本的JDK。

1.下载JDK

进入甲骨文官方网站（https://www.oracle.com/java/technologies/downloads/）下载JDK安装包。本书选择JDK版本号为17、Windows64位版，如图3-1所示：

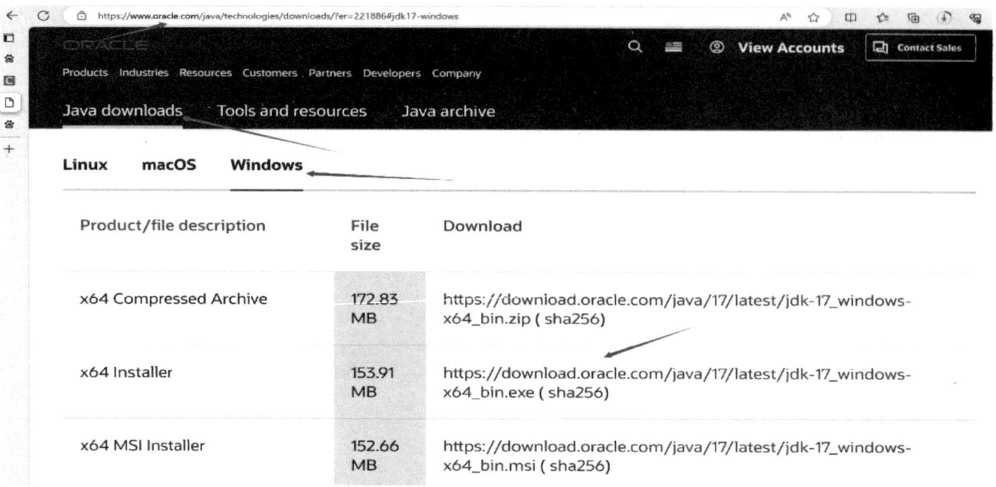

图3-1

2.安装JDK

双击下载文件jdk-17_windows-x64_bin.exe，开始安装JDK，按屏幕提示依次操作完成安装，如图3-2所示：

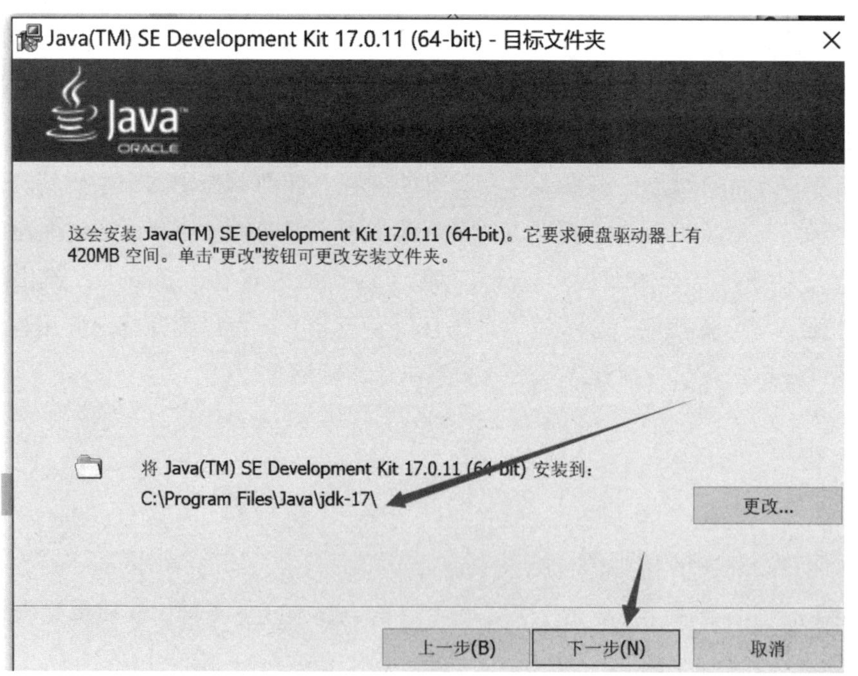

图3-2

3. 设置环境变量

本书以操作系统 Windows 11 为例。进入开始菜单，在“设置->系统->系统信息->高级系统设置->环境变量”中建立路径变量JAVA=“d:\Program Files\Java\jdk-22”，如图3-3所示：

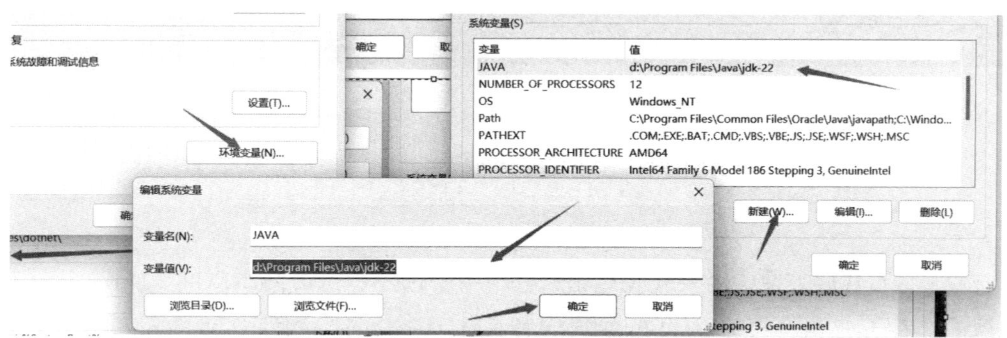

图3-3

在path变量中设置“%JAVA%\bin\”，如图3-4所示：

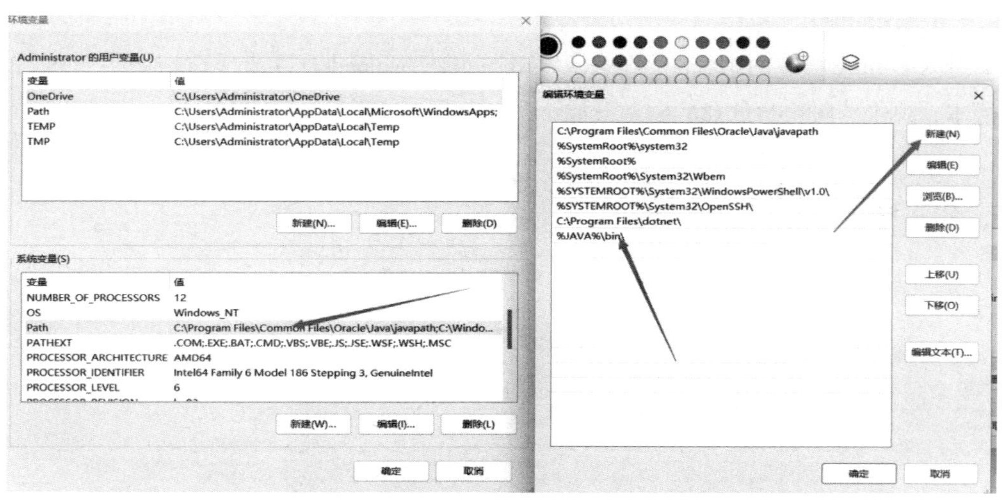

图3-4

在终端窗口中输入“java-version”并回车，当出现“java version "17.0.11" 2024-04-16 LTS”版本号时，表示JDK安装成功，如图3-5所示：

```
管理员: C:\WINDOWS\system32\cmd.exe
Microsoft Windows [版本 10.0.19045.4412]
(c) Microsoft Corporation。保留所有权利。

C:\Users\lhl>java -version
java version "17.0.11" 2024-04-16 LTS
Java(TM) SE Runtime Environment (build 17.0.11+7-LTS-207)
Java HotSpot(TM) 64-Bit Server VM (build 17.0.11+7-LTS-207, mixed mode, sharing)

C:\Users\lhl>
```

图3-5

三、Eclipse

为了编写代码方便，需要安装编辑软件，本书选择Eclipse编辑软件。Eclipse是一个开源的、用Java语言开发的可扩展集成开发工具（integrated development environment，IDE），我们可以利用Eclipse方便地进行Java项目的开发。另外，Eclipse除了可以开发正常的Java项目，还支持C/C++、PHP等编程语言的开发，还可以利用它自带的插件开发环境（plug-in development environment，PDE）开发各种插件。

1. 下载Eclipse

进入Eclipse官方网站（https://www.eclipse.org/downloads/），选择Eclipse最新版的64位版本，单击“Download x86_64”开始下载，如图3-6所示：

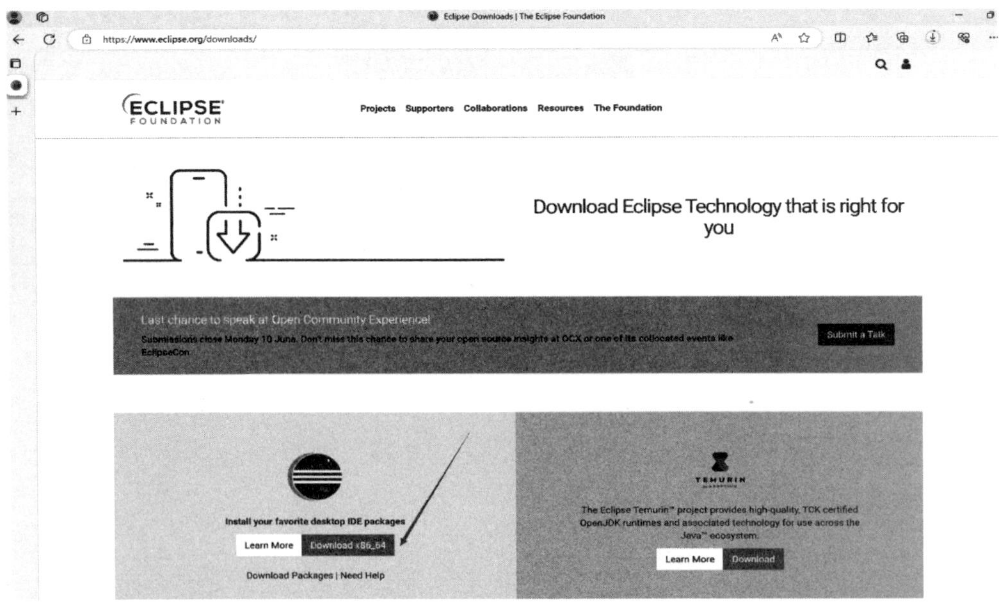

图3-6

2.安装Eclipse

将下载的Eclipse压缩文件解压到您想安装的目录下。打开解压后的Eclipse文件夹，找到eclipse.exe可执行文件，双击即可运行。在首次运行时，Eclipse会要求您选择一个工作空间。工作空间是Eclipse存储项目和设置的地方。选择一个您喜欢的目录作为工作空间，并单击“OK”按钮完成安装，如图3-7所示：

图3-7

3.配置Eclipse

打开Eclipse后，首先配置JDK路径。单击菜单栏的“Window -> Preferences”，在弹出的对话框中选择“Java -> Installed JREs”；单击“Add”按钮，选择已经安装的JDK文件夹，单击“OK”按钮，如图3-8所示。在同一对话框中，单击“Compiler”选项卡，并确保选择了正确的JDK版本号。单击“Apply and Close”按钮，保存并关闭对话框。

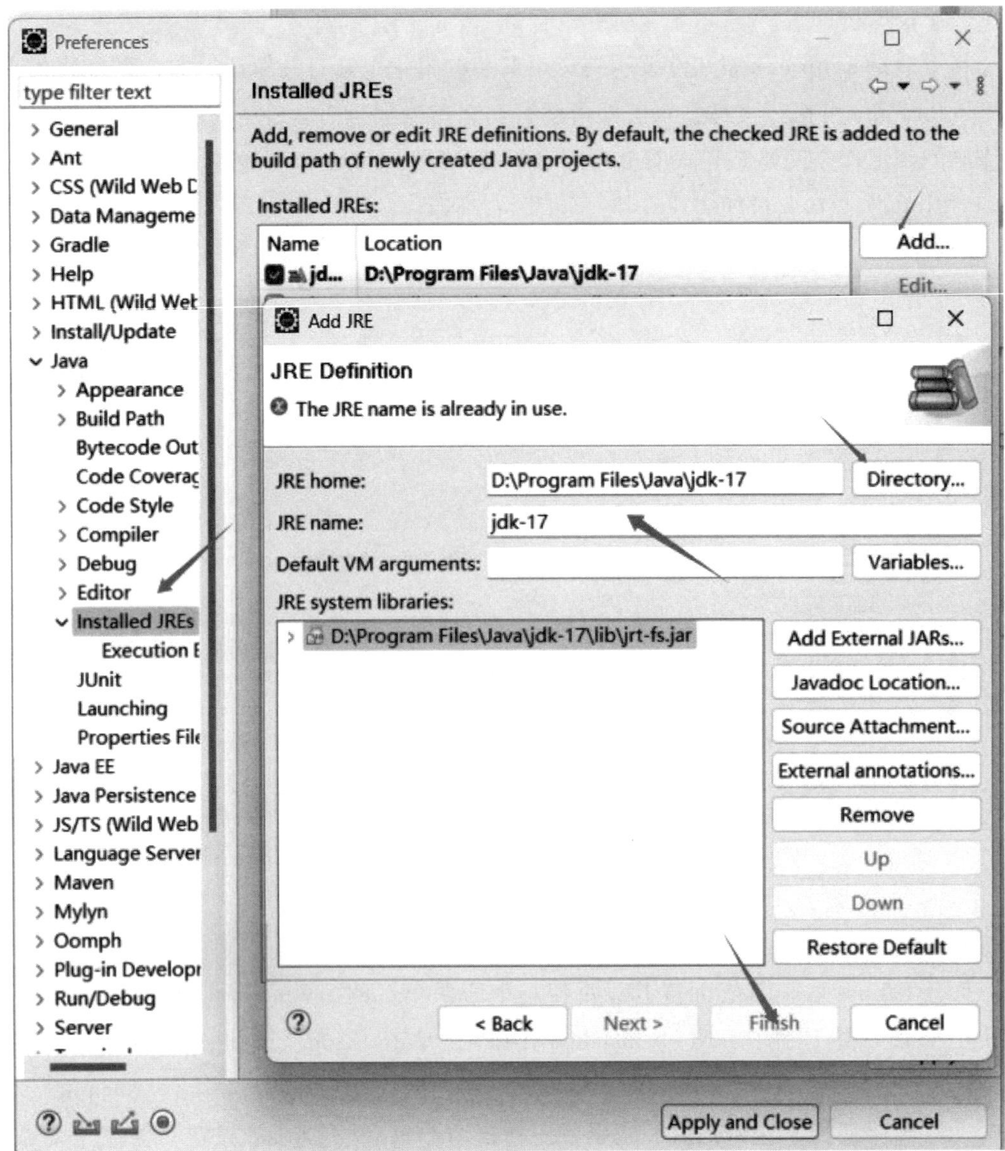

图3-8

四、第一个Java程序

1.创建Java项目

单击左上角的“File->New->Java Project”，出现如图3-9所示画面。输入项目名称“firstdemo”（自定义），选择JER为“ JavaSE-17”,然后单击“Finish”按钮，就创建好了一个Java项目。

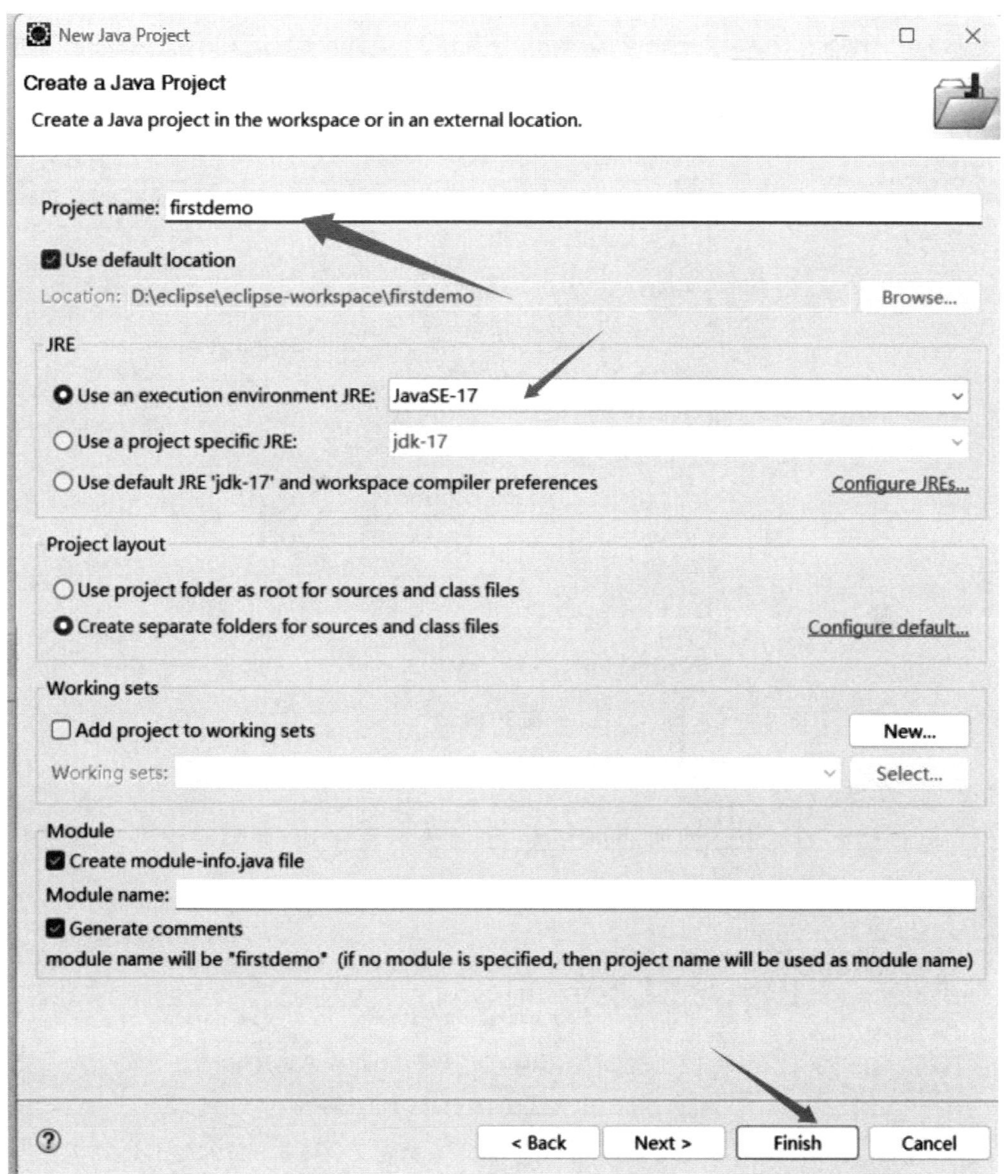

图3-9

2. 创建Java类

项目创建好之后，右键单击“src”目录，单击“New->Class”，输入类名“hello-world”（可自定义），然后单击“完成”按钮，就创建好了一个Java类，如图3-10所示：

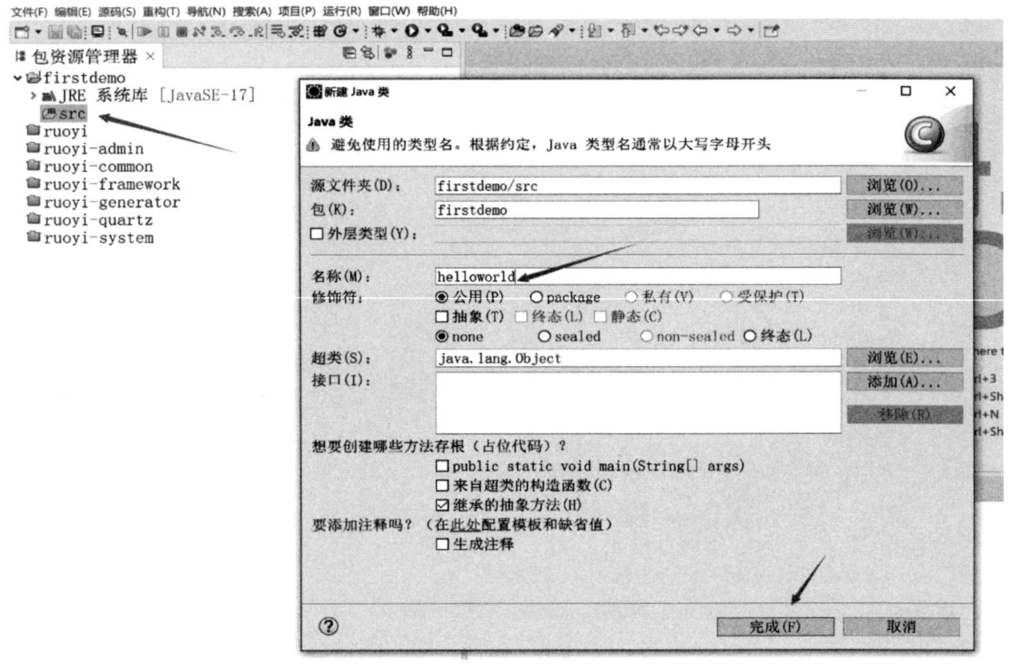

图3-10

3.创建方法

在已创建好的类中，添加main方法（Java入口程序），并编写代码，如图3-11所示：

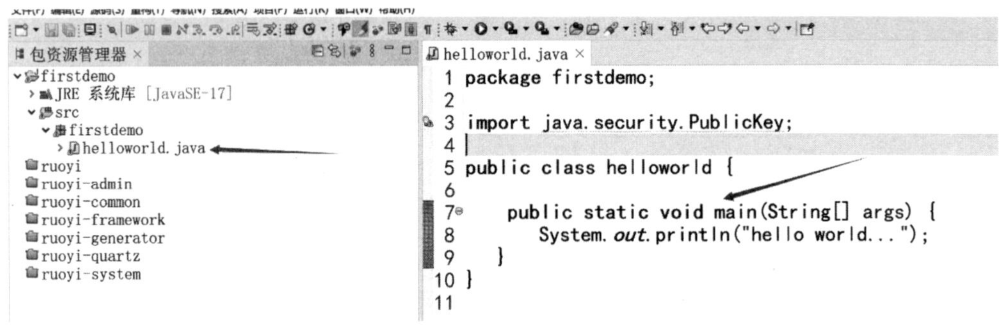

图3-11

4.运行项目

当一个类创建好并创建了方法、编写完代码之后，把光标定位在main方法中的任意位置，单击右键，选择“Run As->Java Application”，即执行本Java程序。结果显示在控制台上，如图3-12所示：

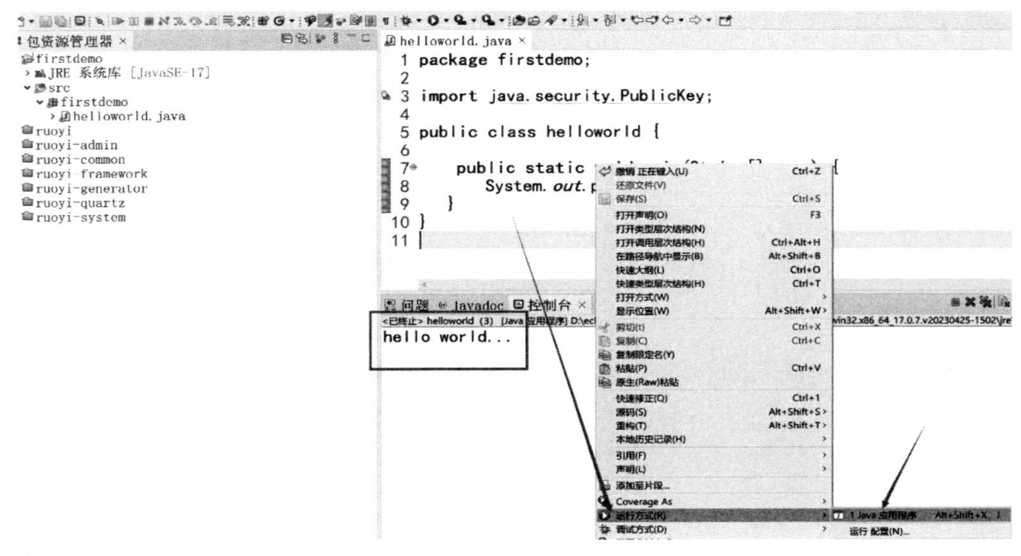

图3-12

第二节　Java面向对象的编程思想

一、概念

面向对象是一种编程思想，通过这种思想可以把生活中的复杂问题简单化。面向对象是相对于面向过程而言的，面向对象强调的是结果，比如你要去上学，强调的是去学校的结果，这个动作就是面向对象；而面向过程强调的是过程，强调的是你去学校的过程，比如骑自行车去。

类与对象：所谓类，就是将具有相似的行为或者属性的事物抽象或者集合形成一个类，如动物类、人类、植物类。所谓对象，通常表现为实体，是类的具体实例，万物皆对象，比如动物类有猫、狗等，这些就是对象。对象是类的实例，类是对象的模板。

计算机语言是用来描述现实世界事物的，即属性+行为。那怎么用Java语言描述呢？通过类来描述事物，把事物的属性当作成员变量，把行为当作成员方法，如生活中有手机这个事物，手机具有的属性：尺寸、品牌、价格、颜色；方法：打电话、发短信、听音乐。类：手机类，抽取属性和行为。对象：iPhone手机、华为手机、小米手机等。

二、示例

通过class关键字创建类，通过new关键字创建对象，如代码3-1所示：

```
//创建类Person,属性:姓名name,年龄age。方法:吃饭eat,睡觉sleep
class Person{
    //属性
    String name;
    int age;
    //方法
    void eat(){
        System.out.println(name+"在吃饭");
    }
    void sleep(){
        System.out.println(name+"在睡觉");
    }
}
//创建对象,从person类中创建一个实例p,然后给实例赋值。
public class Test1 {
    public static void main(String[] args) {
        Person p = new Person();//实例属性值
        p.name="lisi";
        p.age=20;
     //调用方法
        p.eat();
        p.sleep();
    }
}
```

代码3-1

执行结果如图3-13所示:

图3-13

第三节　Java三层架构的编程思想

一、概念

在Java开发中，三层架构是一种常见的软件架构设计模式，它将应用程序分为三个基本层次：表示层、业务逻辑层和数据访问层。这种分层架构有助于提高代码的可维护性、可扩展性和可重用性。

二、表示层（presentation layer）

Controller表示层，也称为用户界面层或前端层，负责与用户进行交互。它向用户展示数据和接收用户输入，并响应用户的操作。表示层可以使用Java Swing、JavaFX等技术来开发图形用户界面（GUI），也可以使用HTML、CSS和JavaScript等技术来开发Web应用程序的用户界面。

表示层的主要职责包括：接收用户输入，通过表单、文本框等方式接收用户输入的数据。展示数据：将数据以友好的方式呈现给用户，如表格、图表等。响应用户操作：根据用户的操作触发相应的业务逻辑处理。

三、业务逻辑层（business logic layer）

业务逻辑层是应用程序的核心，负责处理具体的业务逻辑和业务规则。它是连接表示层和数据访问层的桥梁，接收表示层传递的用户请求，调用数据访问层进行数据操作，并将结果返回给表示层并展示给用户。

业务逻辑层的主要职责包括：

（1）处理用户请求。根据用户请求的类型和参数，执行相应的业务逻辑处理。

（2）验证数据。对用户输入的数据进行合法性验证，确保数据的正确性和完整性。

（3）业务规则处理。根据业务需求和规则，对数据进行处理和计算。

（4）与数据访问层交互。调用数据访问层的方法进行数据操作。如增、删、改、查等。

四、数据访问层（data access layer）

数据访问层负责与数据存储进行交互，包括数据的增、删、改、查等操作。它可以访问数据库、文件系统等存储介质来获取和存储数据。数据访问层通常使用ORM框架（如Hibernate、MyBatis等）来实现对象关系映射，将对象模型与数据库表进行映射，简化数据库操作。

数据访问层的主要职责包括：

（1）数据持久化。将数据存储到数据库或其他存储介质中。

（2）数据查询。根据查询条件从数据库或其他存储介质中获取数据。

（3）数据更新。根据更新请求更新数据库或其他存储介质中的数据。

（4）数据删除。根据删除请求从数据库或其他存储介质中删除数据。

五、三层架构的交互和依赖关系

三层中类的交互：用户使用界面层->业务逻辑层->数据访问层（持久层）->数据库（MySQL）架构中的三个层次之间是相互依赖的，它们通过接口或抽象类进行通信。表示层依赖于业务逻辑层提供的服务，业务逻辑层依赖于数据访问层进行数据操作。这种分层架构有助于降低耦合度，提高代码的可维护性和可扩展性。在开发过程中，开发人员可以专注于自己的开发层次，而不用担心其他层次的具体实现细节。

三层对应的处理框架：界面层springmvc（框架）、业务逻辑层spering（框架）、数据访问层MyBatis（框架）。

框架（framework）是整个或部分系统的可重用设计，表现为一组抽象构件及构件实例间交互的方法。也有人说框架是为开发者定制的骨架和模板。

框架其实是半成品软件，就是一组组件，供开发者完成自己的系统。从另一个角度来说，框架就是一个舞台，你在舞台上表演。框架是安全的、可复用的和不断升级的软件。

第四节　Maven

一、概述

Maven是一个由Apache软件基金会开发的项目管理和构建自动化工具，主要用于Java项目的构建、依赖管理、报告和文档生成等。它基于项目对象模型（project object model，POM）的概念，通过一个中央信息片段来管理项目的各个方面。Maven提供了一套标准化的项目结构和依赖管理系统，使得项目的构建、测试、打包、部署等过程更加自动化和标准化。

Maven中的POM是项目的核心，它描述了项目的基本信息、依赖关系、构建配置等。通过POM，Maven能够理解项目的需求，并自动下载和管理项目所需的依赖库，避免了手动处理依赖的复杂性和版本冲突问题。

Maven提供了：中央仓库（central repository），用于存储和分发Java项目所需的库和组件，开发者可以通过配置POM文件中的依赖信息，让Maven自动从中央仓库下载所需的库和组件，极大地简化了项目的构建过程；本地仓库（local repository），Maven项目都是从本地仓库加载jar包的，如果本地仓库没有需要的jar包，系统自动到中央仓库去下载；镜像仓库（mirror repository），国内有能力的组织机构搭建的仓库，这个仓库就是将中央仓库中的所有内容复制到镜像仓库中。

二、安装

进入Maven官方网站（https://maven.apache.org/download.cgi），单击“apache-maven-3.9.7-bin.zip”开始下载，如图3-14所示：

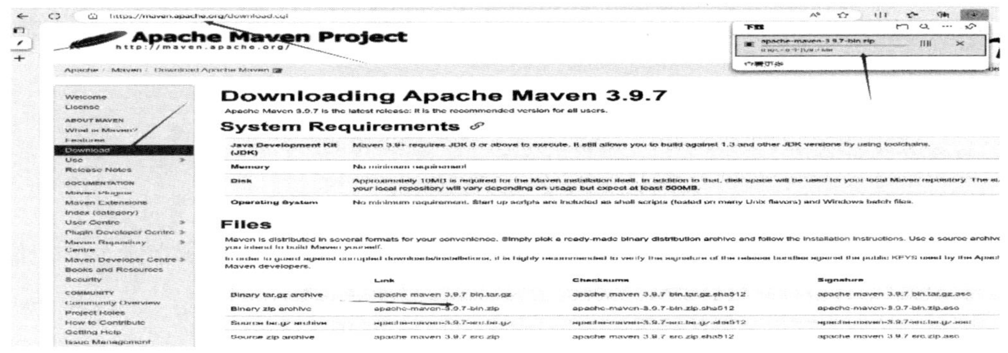

图3-14

下载完成后，解压到某一路径下，如D:\apache-maven-3.9.2，实际配置环境变量时以自己安装的路径为准。

三、配置

1.配置环境变量

将存放Maven的路径加入环境变量中（详见第三章第一节JDK中“环境变量”部分），如图3-15所示：

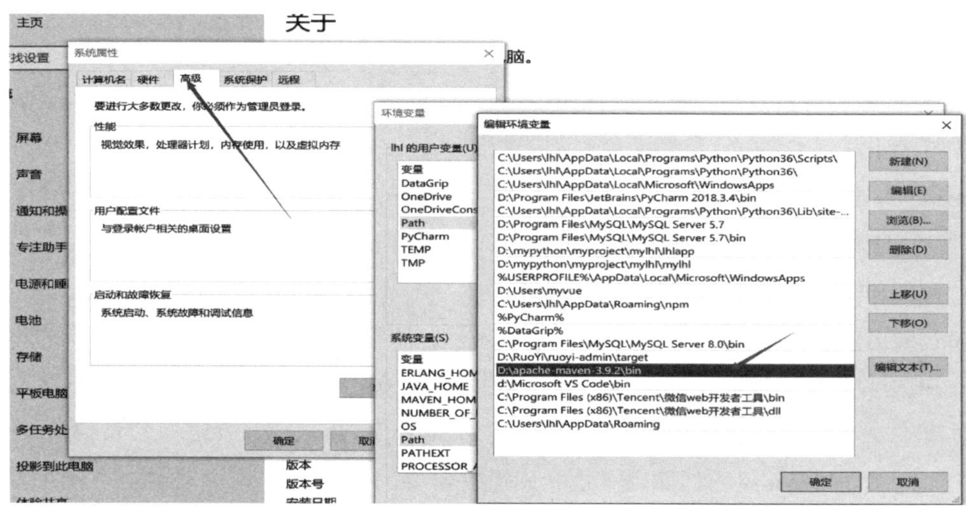

图3-15

当在控制台输入“mvn -version”，显示如图3-16信息时，表示环境变量配置成功。

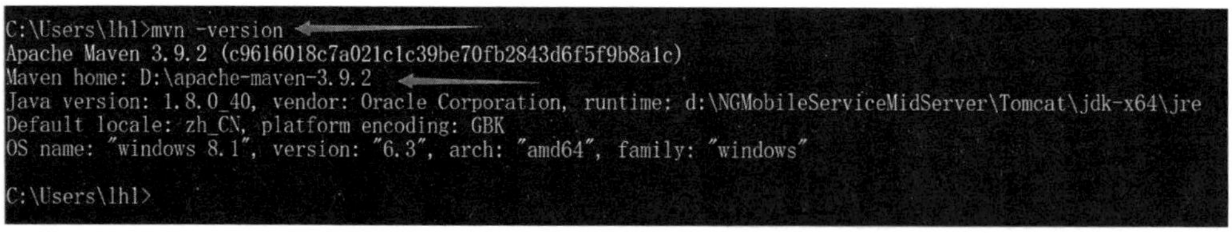

```
C:\Users\lhl>mvn -version
Apache Maven 3.9.2 (c9616018c7a021c1c39be70fb2843d6f5f9b8a1c)
Maven home: D:\apache-maven-3.9.2
Java version: 1.8.0_40, vendor: Oracle Corporation, runtime: d:\NGMobileServiceMidServer\Tomcat\jdk-x64\jre
Default locale: zh_CN, platform encoding: GBK
OS name: "windows 8.1", version: "6.3", arch: "amd64", family: "windows"

C:\Users\lhl>
```

图3-16

2.配置本地仓库

默认本地仓库在“C:\Users\lhl\.m2\repository”中，也可自定义本地仓库，在D:\apache-maven-3.9.2\路径下新建maven-repository文件夹，当作Maven的本地库。在路径D:\apache-maven-3.9.2\conf目录下找到settings.xml文件并打开，找到节点localRepository，在注释外添加“<localRepository>D:\apache-maven-3.9.2\maven-repository</localRepository>”语句，如图3-17所示：

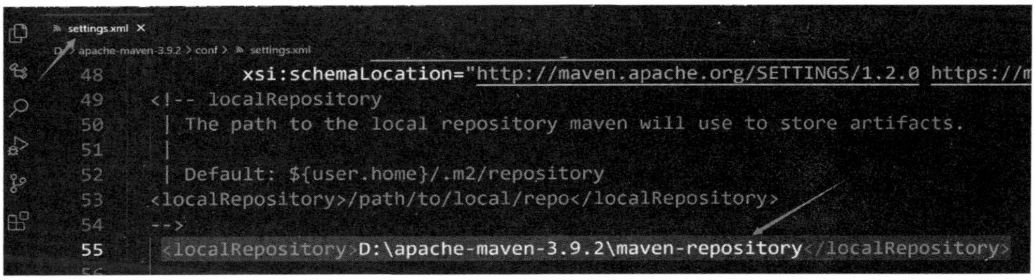

```
settings.xml ×
D: > apache-maven-3.9.2 > conf > settings.xml
        xsi:schemaLocation="http://maven.apache.org/SETTINGS/1.2.0 https://m
  <!-- localRepository
   | The path to the local repository maven will use to store artifacts.
   |
   | Default: ${user.home}/.m2/repository
  <localRepository>/path/to/local/repo</localRepository>
  -->
  <localRepository>D:\apache-maven-3.9.2\maven-repository</localRepository>
```

图3-17

localRepository节点用于配置本地仓库，本地仓库其实起到了一个缓存的作用。当从Maven中获取jar包时，Maven首先会在本地仓库中查找。如果本地仓库中有，则返回；如果本地仓库中没有，则从远程仓库中获取包，并将其保存在本地仓库中。

3. 配置镜像仓库

在settings.xml配置文件中找到mirrors节点，添加如下配置（注意要添加在<mirror>和</mirrors>两个标签之间），如图3-18所示：

```
<mirror>
  <id>alimaven</id>
  <name>aliyun maven</name>
  <url>http://maven.aliyun.com/nexus/content/groups/public/</url>
  <mirrorOf>central</mirrorOf>
</mirror>
<mirror>
 <id>alimaven</id>
 <mirrorOf>central</mirrorOf>
 <name>aliyun maven</name>
 <url>http://maven.aliyun.com/nexus/content/repositories/central/</url>
</mirror>
```

图3-18

4. 配置JDK

在settings.xml配置文件中找到profiles节点，添加如图3-19所示的代码。

配置完成后，在控制台输入“mvn help:system”测试，配置成功则本地仓库（D:\apache-maven-3.9.2\maven-repository）中会出现一些文件。首次执行mvn help:system命令时，Maven相关工具会自动到Maven中央仓库下载各种配置文件和类库（jar包）到Maven本地仓库中。下载完成后，mvn help:system命令会打印出所有的Java系统属性和环境变量，这些信息对我们日常的编程工作很有帮助。

```
<profile>
  <id>jdk-1.7</id>
  <activation>
    <jdk>1.7</jdk>
  </activation>

  <repositories>
    <repository>
      <id>jdk17</id>
      <name>Repository for JDK 1.7 builds</name>
      <url>http://www.myhost.com/maven/jdk17</url>
      <layout>default</layout>
      <snapshotPolicy>always</snapshotPolicy>
    </repository>
  </repositories>
</profile>
```

图3-19

在Ecilpse中配置Maven，Eclipse工具栏 → Windows → preferences → maven → installation，然后单击“Add”按钮，选择Maven所在目录即可，如图3-20所示：

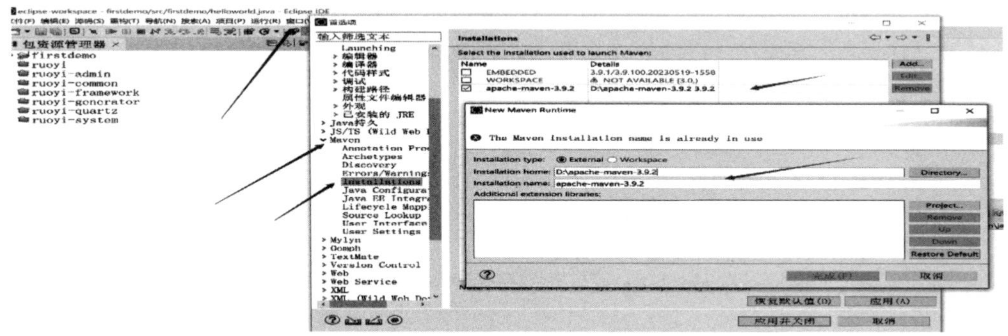

图3-20

切换到User Settings菜单，选择Maven的配置文件，如D:\apache-maven-3.9.2\conf\settings.xml，如图3-21所示；然后单击“Apply and close”（应用并关闭）。到此，Maven安装配置完成。

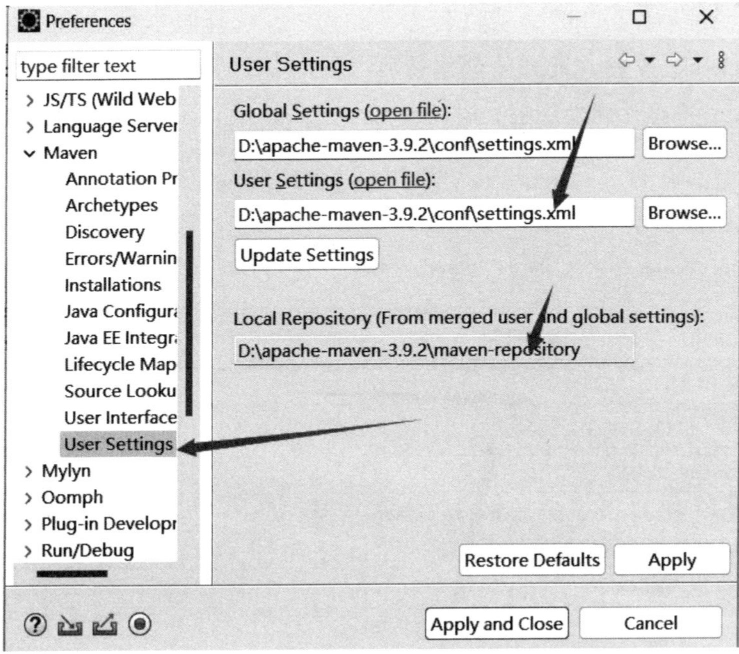

图3-21

四、使用

创建一个Java Maven项目。单击File->New Maven projet，选择internal->maven-archetype-quickstart，如图3-22所示：

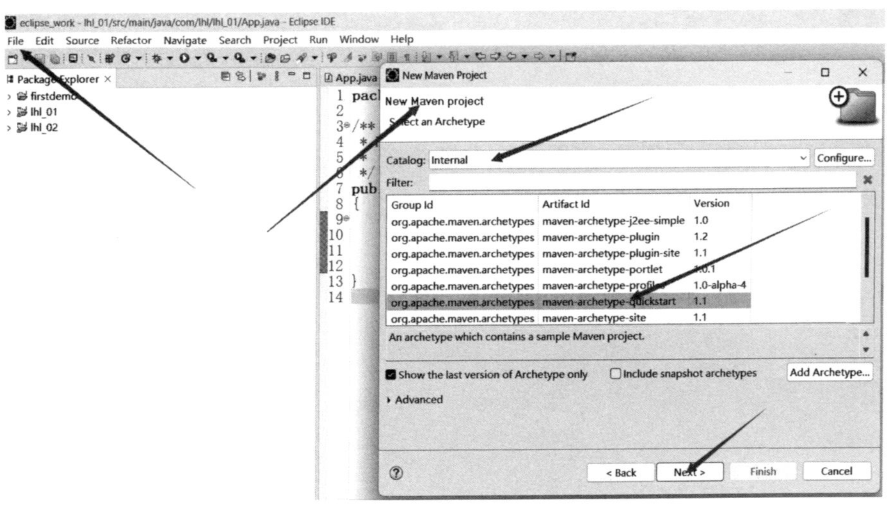

图3-22

输入组织名称“com.lhl”、项目名称“lhl_01”，选择版本号“0.0.1-SNAPAHOT”，然后单击“Finish”按钮，即开始创建项目，如图3-23所示。当提示“Confirm properties configuration”（确认属性配置）时，键入“Y”。

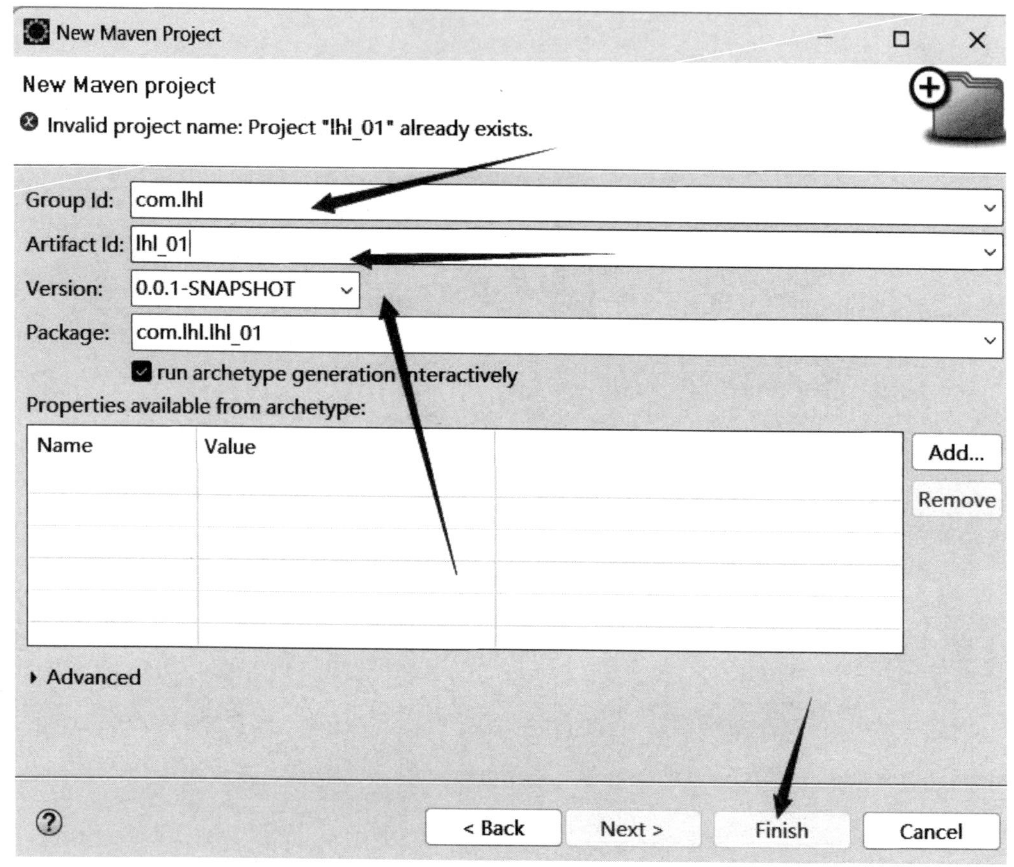

图3-23

创建好的项目结构如图3-24所示。右键单击App.java->Run As->Java Application执行，在控制台输出结果“Hello World!lhl_01”。至此，Maven安装调试完成。

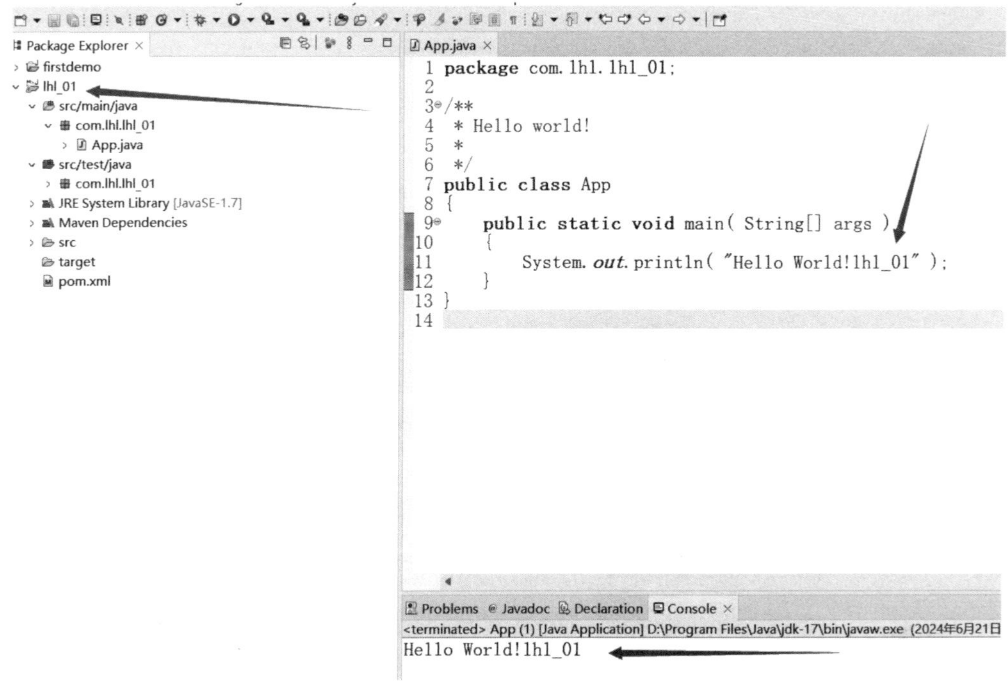

图3-24

第五节　Tomcat

一、概述

Tomcat是Apache软件基金Jakarta项目中的一个核心项目。Tomcat技术先进、性能稳定，而且免费，深受Java爱好者的喜爱，并得到了部分软件开发商的认可，成为比较流行的Web应用服务器。也就是说，Web程序运行需要Tomcat环境，应提前安装好Tomcat。

Tomcat服务器是一个免费的开放源代码的Web应用服务器，属于轻量级应用服务器，在中小型系统和并发访问用户不是很多的场合下被普遍使用，是开发和调试JSP程序的首选。对于一个初学者来说，当在一台机器上配置好Apache服务器后，可利用它响应HTML（标准通用标记语言）下应用页面的访问请求。实际上Tomcat是Apache服务器的扩展，但它是独立运行的。

二、下载安装

1.下载

进入Tomcat官方网站（https://tomcat.apache.org/），选择版本，开始下载，如图3-25所示：

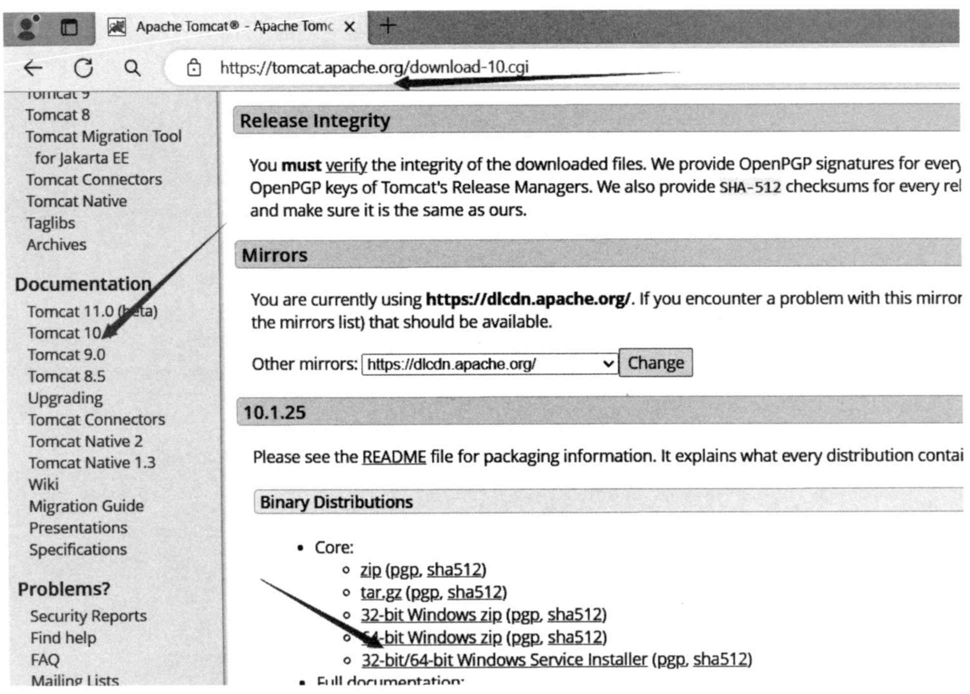

图3-25

2.安装

将下载好的文件apache-tomcat-10.1.25-windows-x64.zip解压到指定目录，如D:\tomcat10，如图3-26所示；然后，将路径添加到环境变量中（详见第三章第一节JDK中"环境变量"部分）。

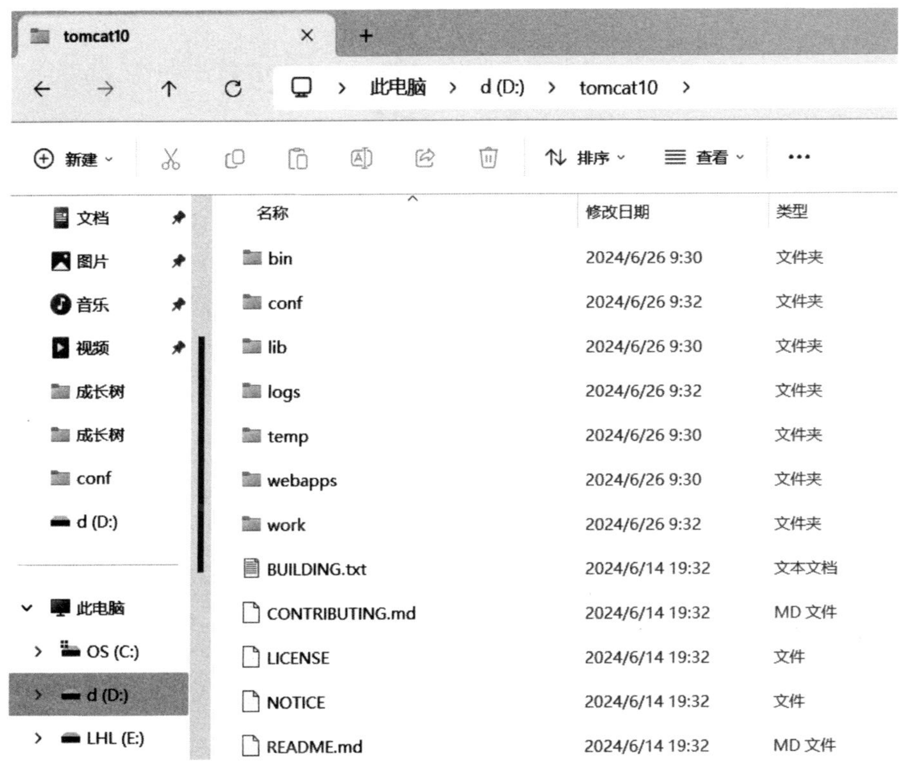

图3-26

三、启动关闭

1.启动

进入D:\tomcat10\bin目录，双击startup.bat文件，出现控制台黑屏。此时，在浏览器输入“http://localhost:8080/”，当出现如图3-27所示画面时，表示启动成功。

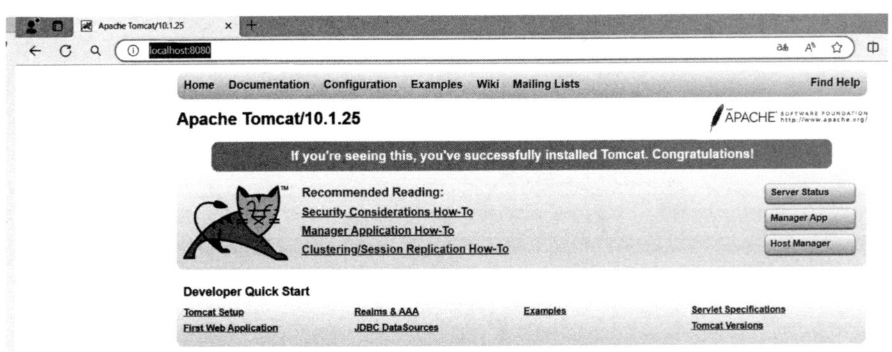

图3-27

2.关闭

进入D:\tomcat10\bin目录，双击“shutdown.bat”或单击组合键Ctrl+C即关闭。

四、使用

1.配置Tomcat环境

单击 Windows ->Preferences，在弹出窗口的左侧菜单中选中 Server -> Runtime Environment 。单击“Add”按钮，根据安装的Tomcat版本选择Tomcat的类型后，单击“Next”按钮，如图3-28所示：

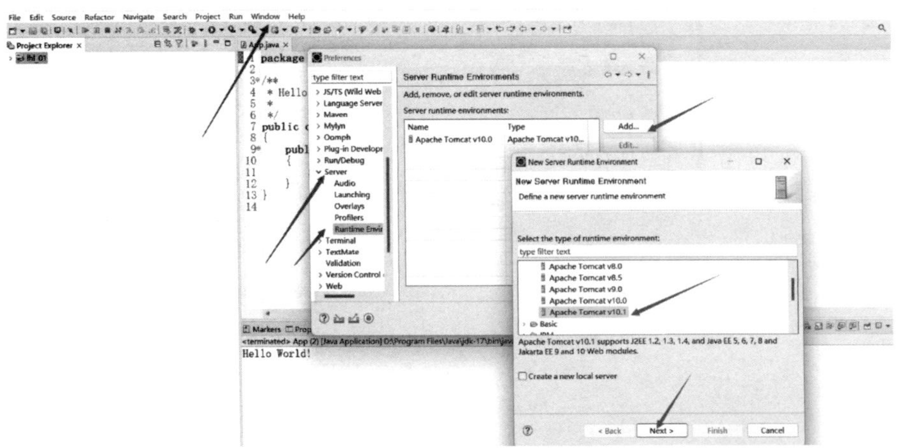

图3-28

选择Tomcat安装路径，单击“Finish”，如图3-29所示：

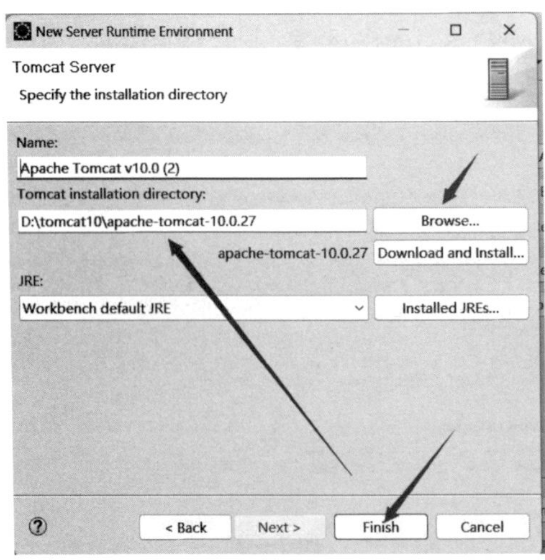

图3-29

2.配置Tomcat Server

进入“Windows->Show View->Other->Server->servers”，单击“Open”按钮，此时，在下方显示“No servers are available.Click this link to create a new server”，如图3-30所示：

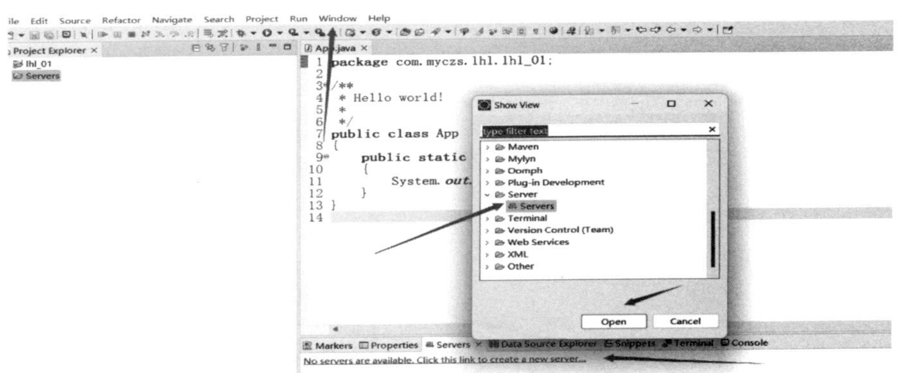

图3-30

单击“No servers are available.Click this link to create a new server”，出现如图3-31所示画面，选择版本号，单击“Finish”按钮，即可配置好Tomcat服务。

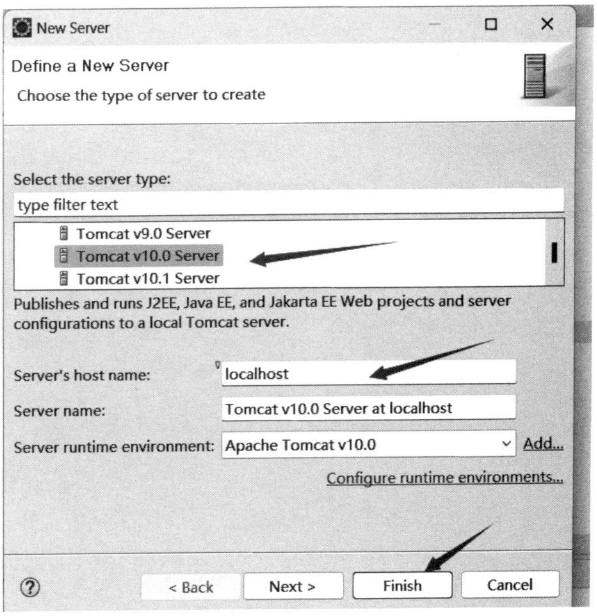

图3-31

此时，在左边项目显示区可看到“Servers”，表示Tomcat服务配置成功。单击右键可进行启动、关闭的操作，如图3-32所示：

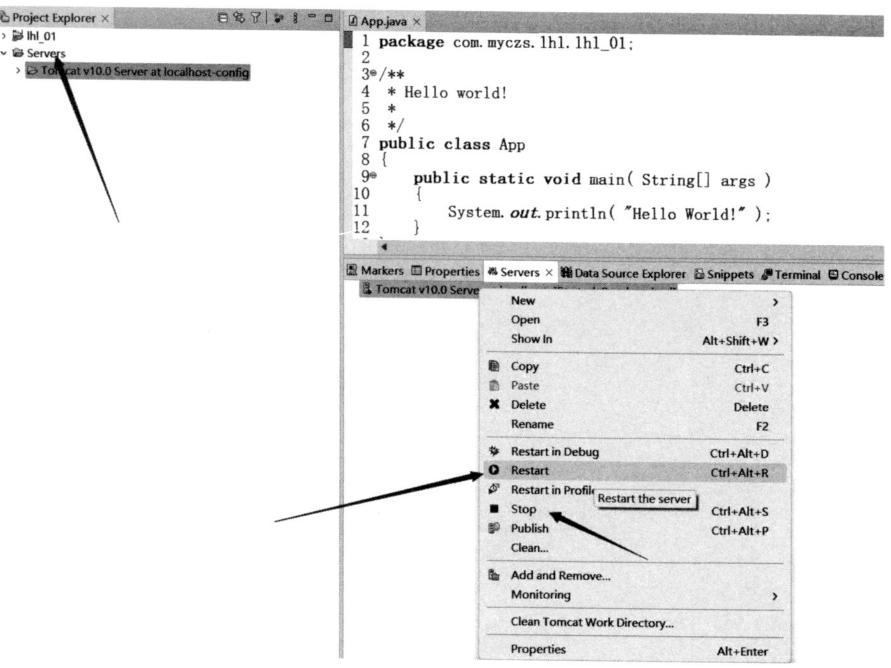

图3-32

3.创建Maven的Web项目

进入“File->New Maven project”，出现如图3-33所示画面，选择“Use default Workspace location”。

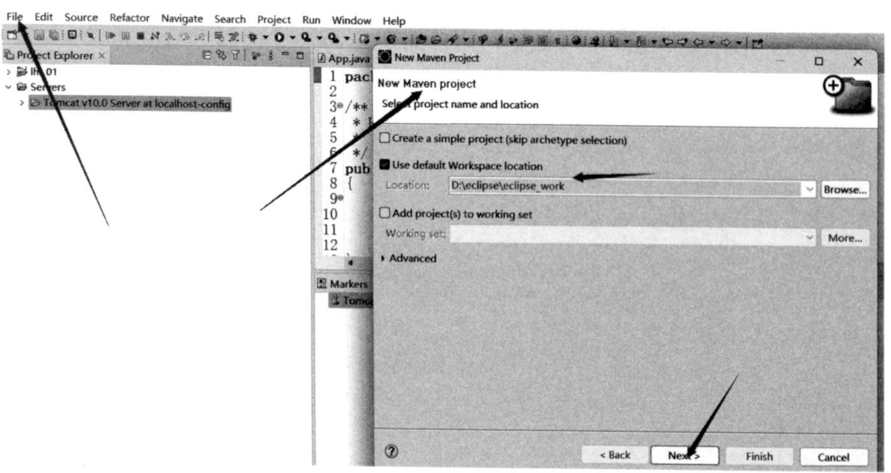

图3-33

单击“Next”按钮，出现如图3-34画面，选择“webapp”项。

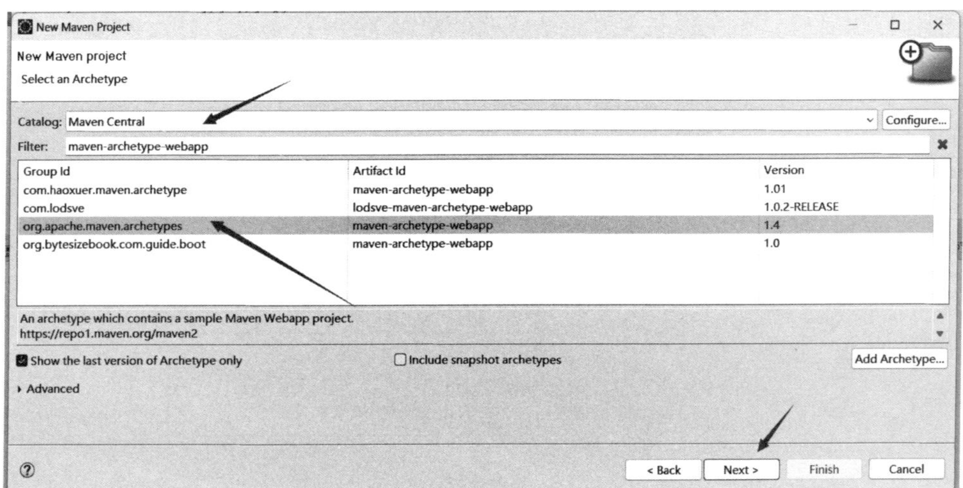

图3-34

然后单击“Next”按钮，group Id输入“com.myczs.lhl”，Artifact Id输入“lhl_02”，单击“Finish”按钮，开始创建项目，如图3-35所示：

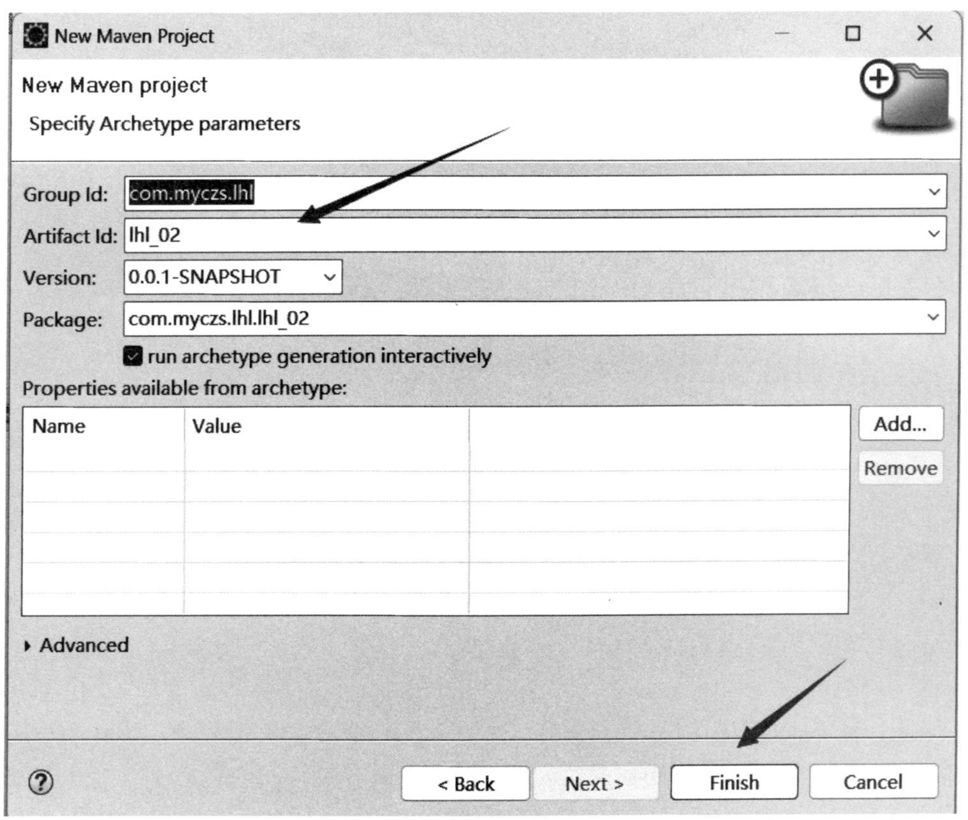

图3-35

创建好项目后，在左边的项目显示区就能看到lhl_02的项目。修改pom.xml中的代码，如图3-36所示：

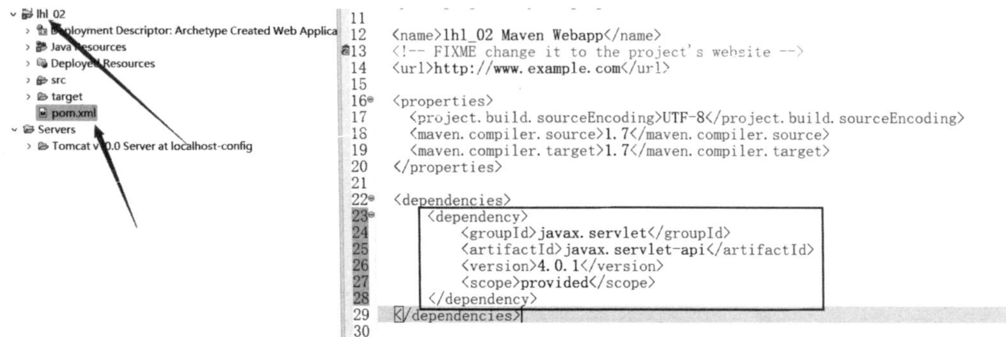

图3-36

编辑项目src/main/webapp文件夹下的index.jsp文件，并在该文件中编写如图3-37所示的代码：

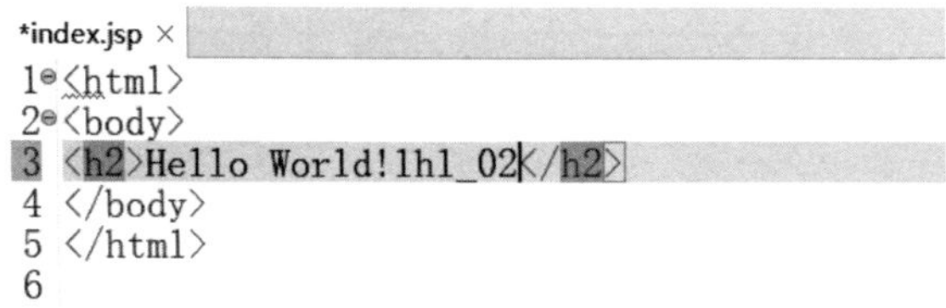

图3-37

在项目src/main/webapp/WEB-INF文件夹下编辑web.xml文件，如图3-38所示：

图3-38

至此，Maven的Web项目就创建好了。在lhl-02项目上单击右键“Run As->run on Server”，浏览器显示如图3-39所示字样，表示项目运行成功。

图3-39

第六节 数据库

一、MySQL

（一）概述

MySQL是一个关系型数据库管理系统，属于Oracle旗下产品。在Web应用方面，MySQL是最好的关系型数据库管理系统之一。MySQL是开源免费的，并且扩展方便，在Java企业级开发中常用。

（二）安装

首先下载MySQL安装包，如mysql-essential-6.0.11-alpha-winx64.msi，然后双击安装包开始安装，如图3-40所示：

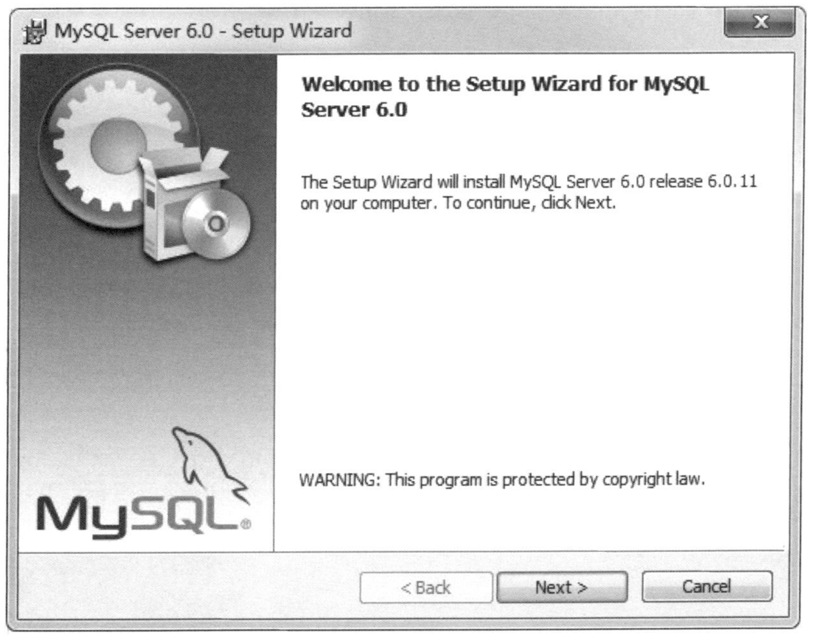

图3-40

单击“Next”按钮，选择默认“Typical”典型安装，如图3-41所示：

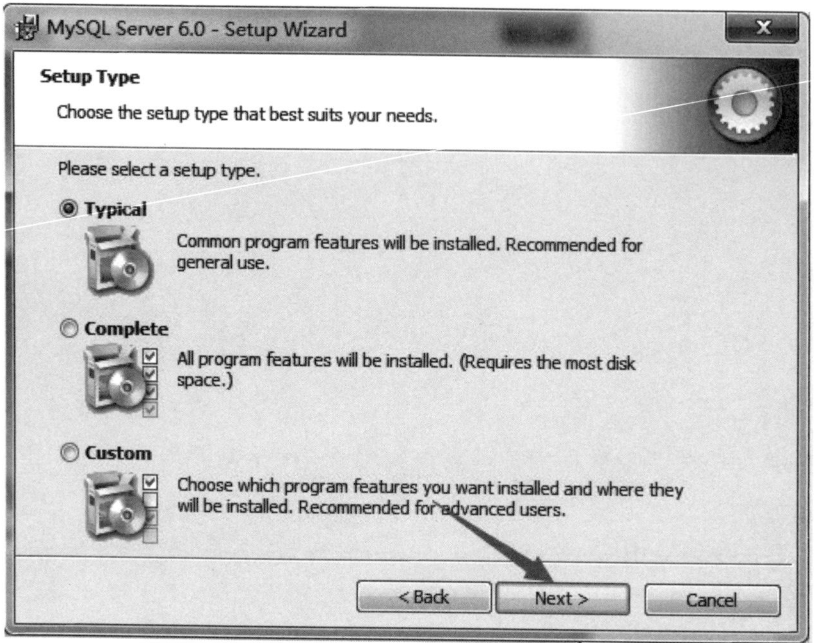

图3-41

选择“Detailed Configuration”详细配置，如图3-42所示：

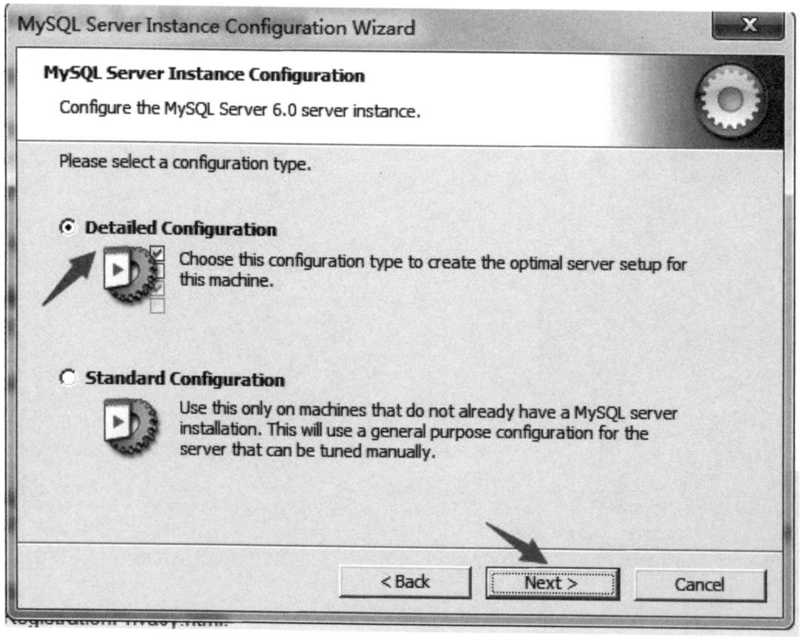

图3-42

选择“Developer Machine” 开发服务器，如图3-43所示：

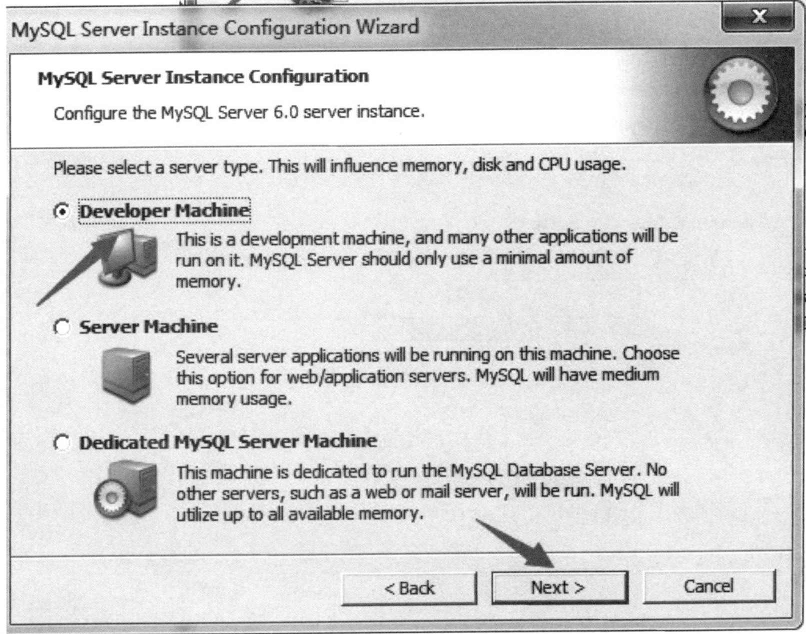

图3-43

选择“MultiFunctional Database”多功能数据库，如图3-44所示：

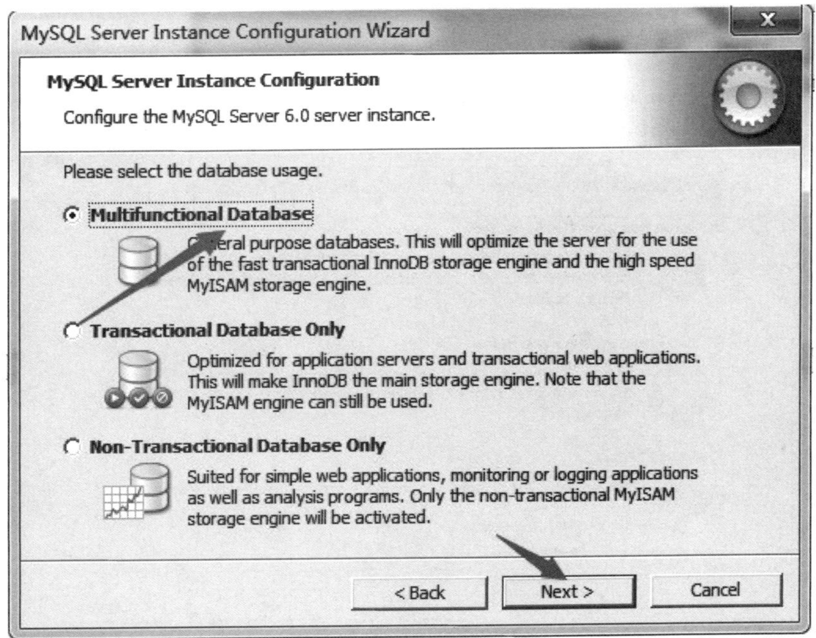

图3-44

选择安装盘符（如C盘）和安装目录（如Installtion Path），如图3-45所示：

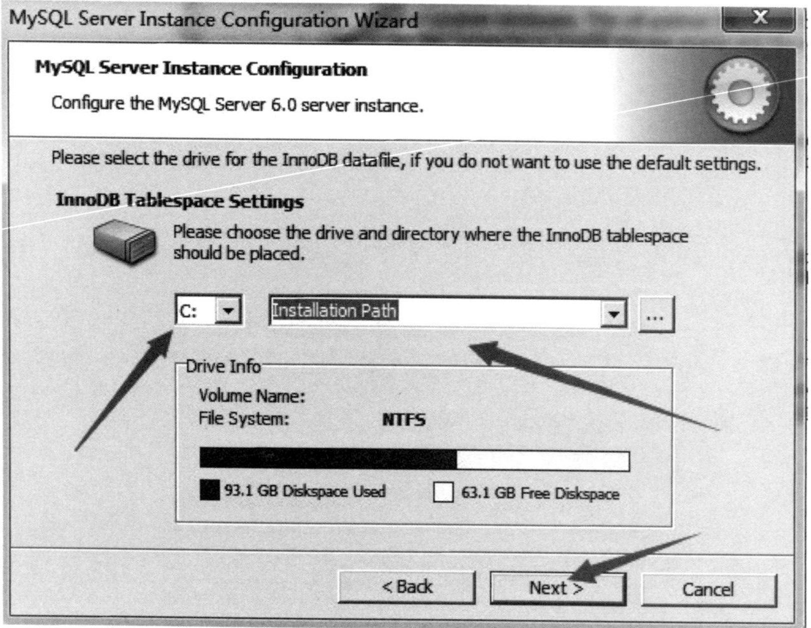

图3-45

选择“Decision Support （DSS/OLAP）”决策支持系统，如图3-46所示：

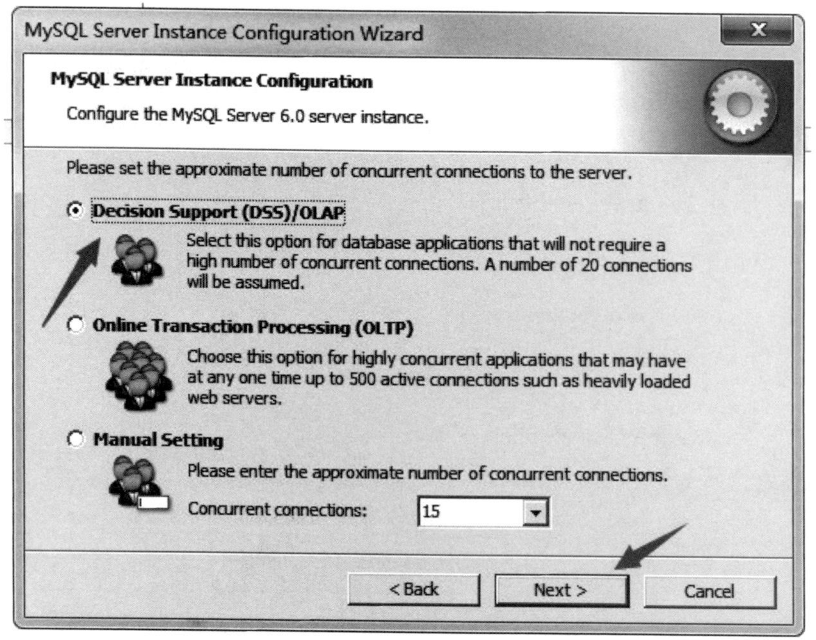

图3-46

端口号默认“3306”，如图3-47所示：

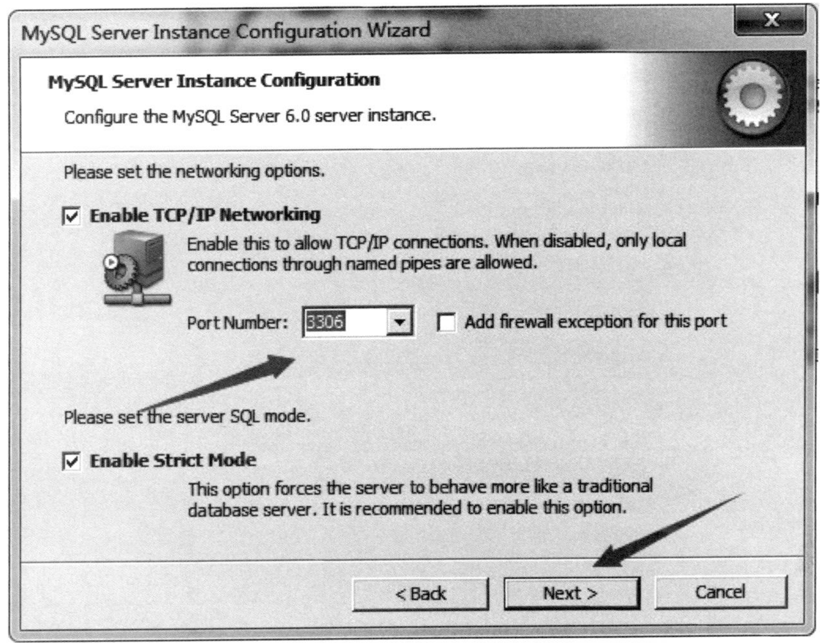

图3-47

选择“utf8”字符集，如图3-48所示：

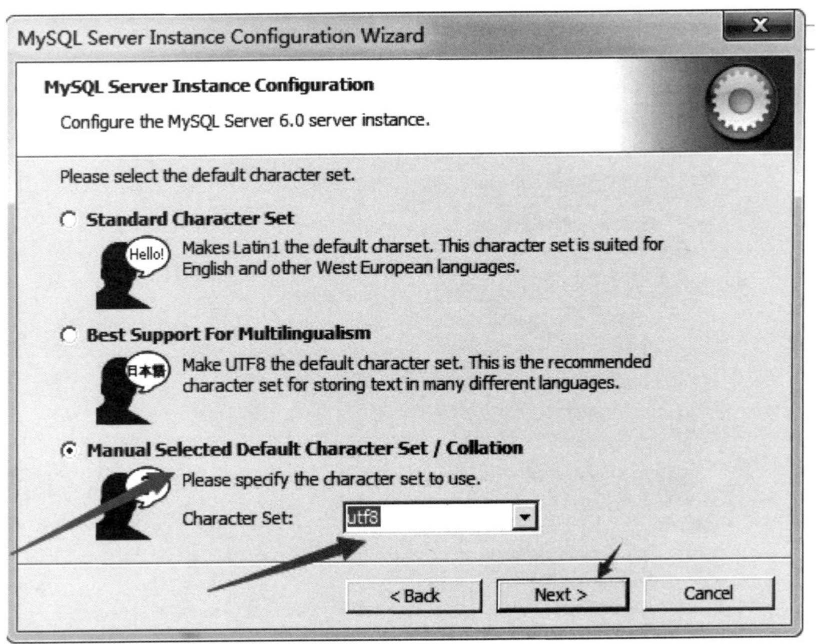

图3-48

服务器名默认为“MySQL”，如图3-49所示：

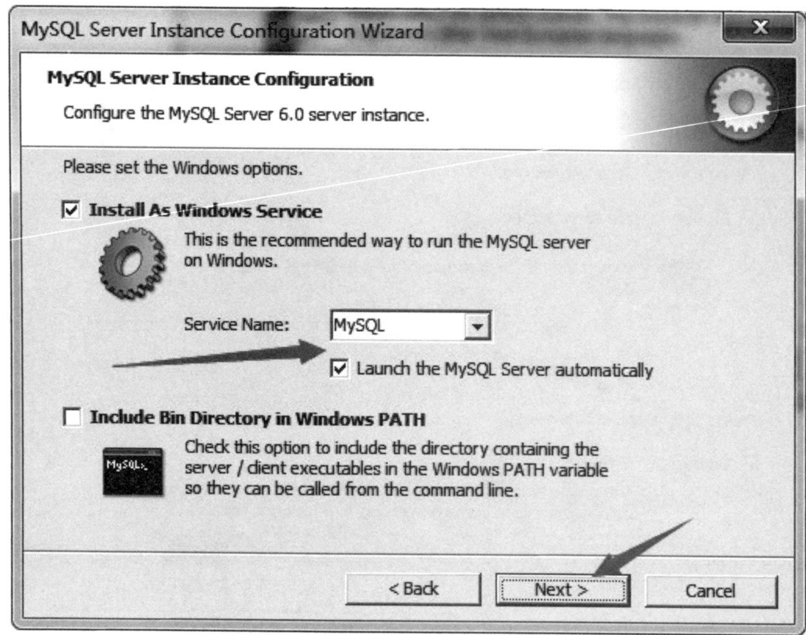

图3-49

设置密码为“123456”，也可以为空，用户名默认“root”，如图3-50所示：

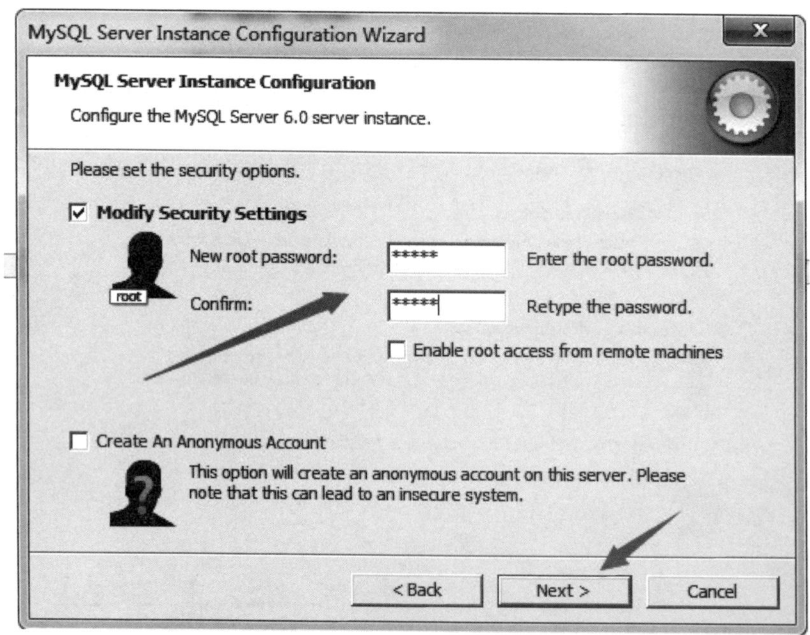

图3-50

出现如图3-51所示画面，表示安装成功。

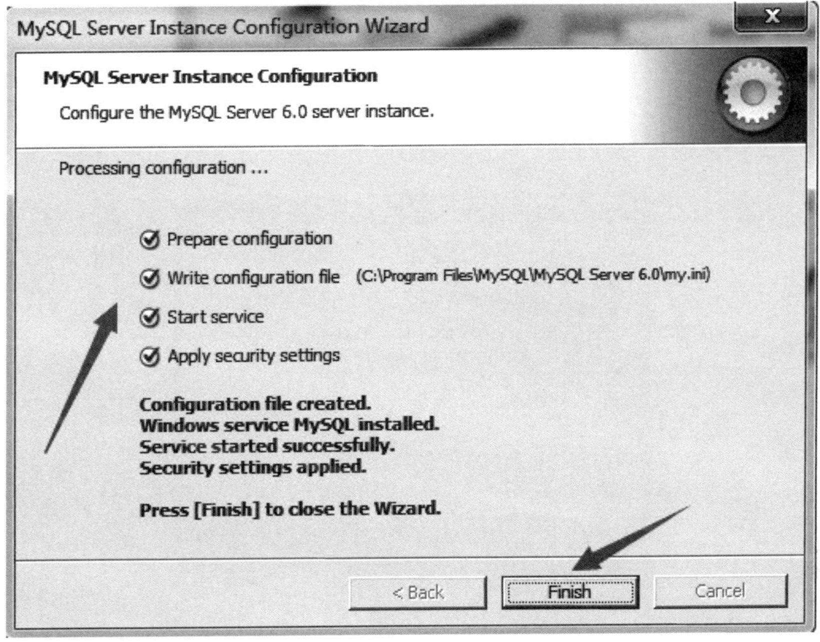

图3-51

在任务栏单击右键，选择任务管理器->服务，查看MySQL状态为“已启动”，表示MySQL已正常运行，如图3-52所示：

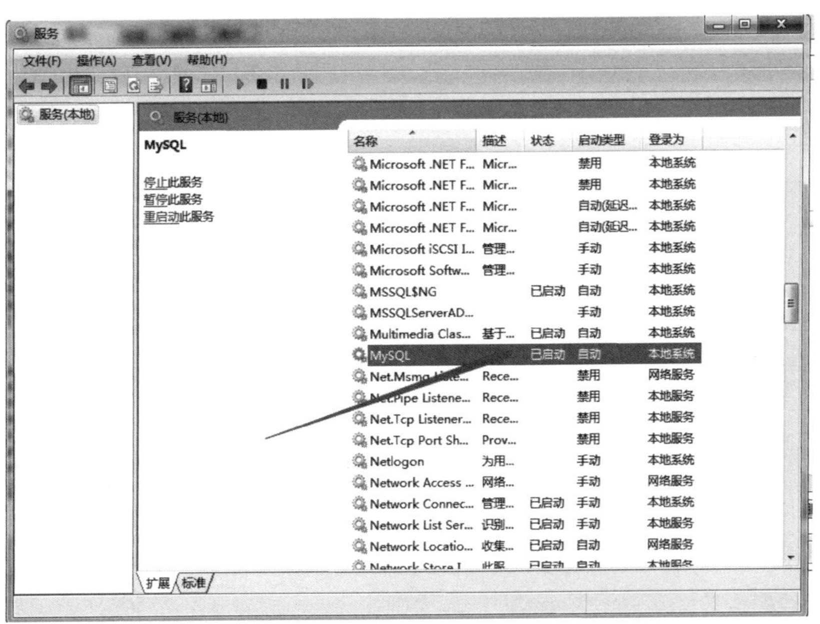

图3-52

二、Navicat Premium数据库管理器

1.安装

首先下载安装包navicat111_premium_cs_x86_11.1.14.0.1453198735.exe，双击安装文件开始安装，如图3-53所示：

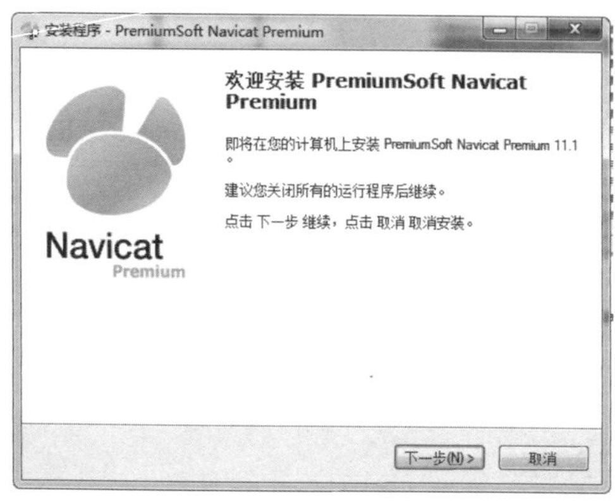

图3-53

通用数据库管理工具Navicat Premium无任何选择项参数，连续单击“下一步”，即可完成安装。

2.启动

单击开始菜单->Navicat Premium进入操作画面，如图3-54所示：

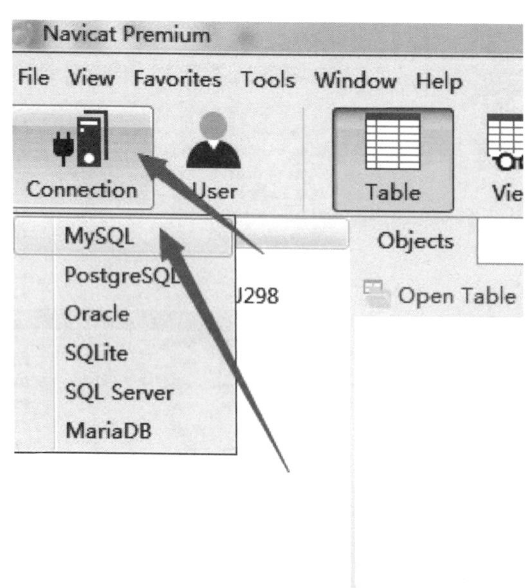

图3-54

连接要操作的数据库，单击“Connention-MySQL”，出现如图3-55所示界面：

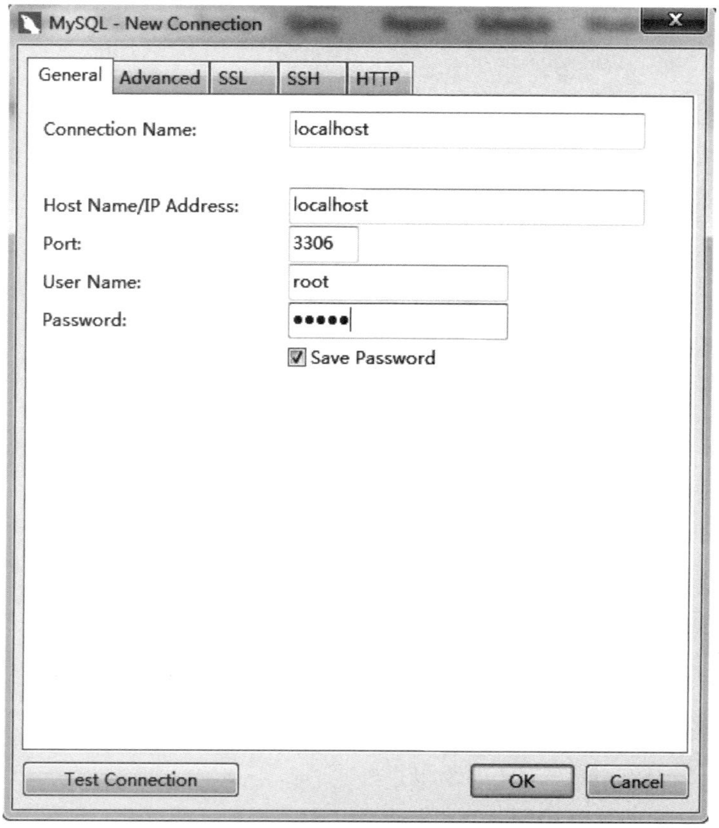

图3-55

按图中提示填入相应参数。Connection Name连接名是“localhost”，无特殊要求，自行定义；Host Name/IP Address主机名或IP地址是“localhost”，也可以用IP地址，如“127.0.0.1”（localhost和127.0.0.1都指本机）；Port数据库端口号是“3306”，一般每个数据库都有自己的端口号；User Name是登录数据库的用户名“root”，一般数据库都有自己默认的登录名；Password是数据库登录的密码“123456”，在安装数据库时设定。

准确输入以上参数后，单击“Test Connection”按钮测试链接，当提示“Connection Successful”，表示链接成功。

3.建立数据库

进入“开始->Navicat Premium”数据库工具，在左边菜单中，选择“mysql”单击右键，选择“New Database”新建数据库，如图3-56所示：

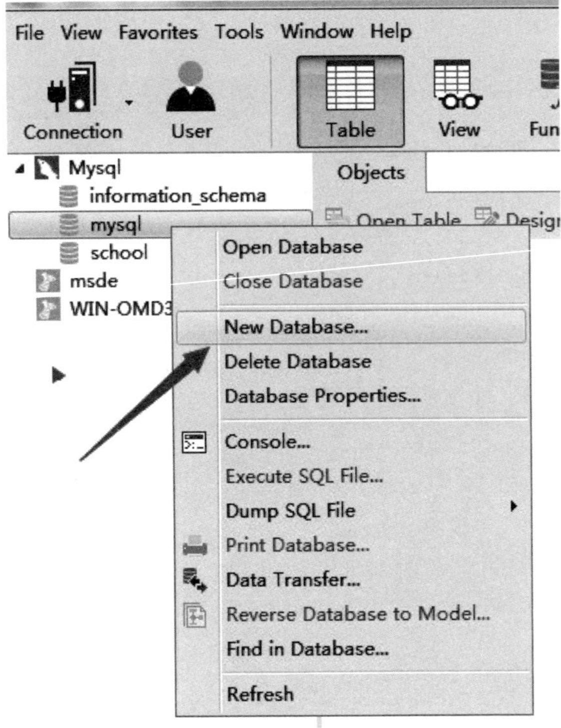

图3-56

出现如图3-57所示画面，按图中提示输入Database Name（数据名）“school”，Character set（字符集）“utf8--UFT-8 Uncode”，Collation（排序规则）“utf8_general_ci”，然后单击“OK”按钮，即完成数据库的建立。

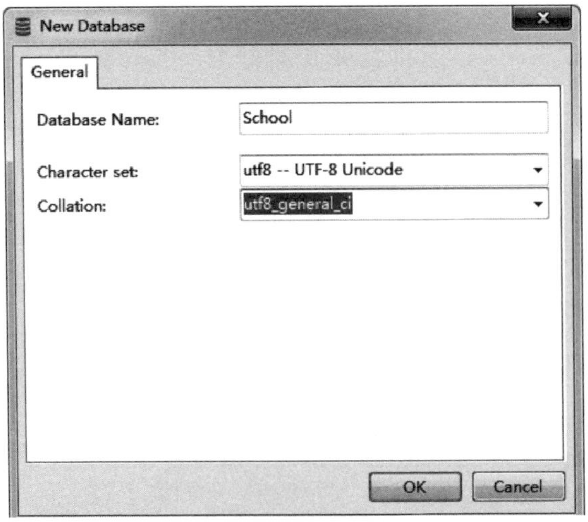

图3-57

4.建表

右键单击“Tables”菜单，选择单击“New Table”，如图3-58所示：

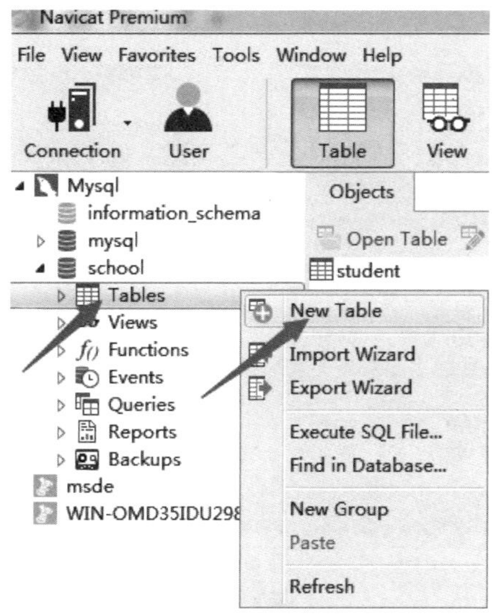

图3-58

出现如图3-59所示画面，输入字段名称、类型和长度。Sid（学号）、int（整型），长度为11个字符，并设置为主键；name（姓名）和varchar（字符型），长度为50；age（年龄）和int（整型），长度为11；gender（性别）和varchar（字符型），长度为2；email（邮箱）和varchar（字符型），长度为50；address（地址）和varchar（字符型），长度为50。单击“Save”（保存）按钮，输入表名“student”（学生），单击“OK”按钮，建表成功。

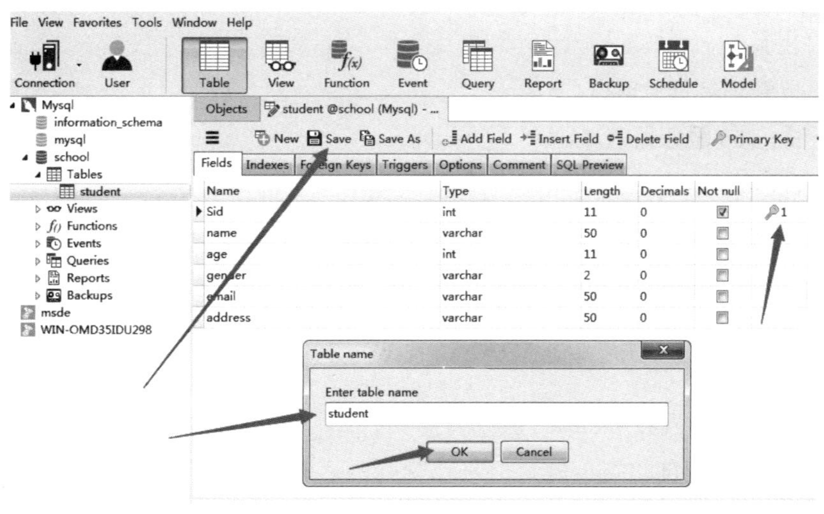

图3-59

5.录入数据

选择“School（数据库）->Tables（表）->student（学生表）”，单击右键，选择“Open Table”打开表，出现如图3-60所示画面：

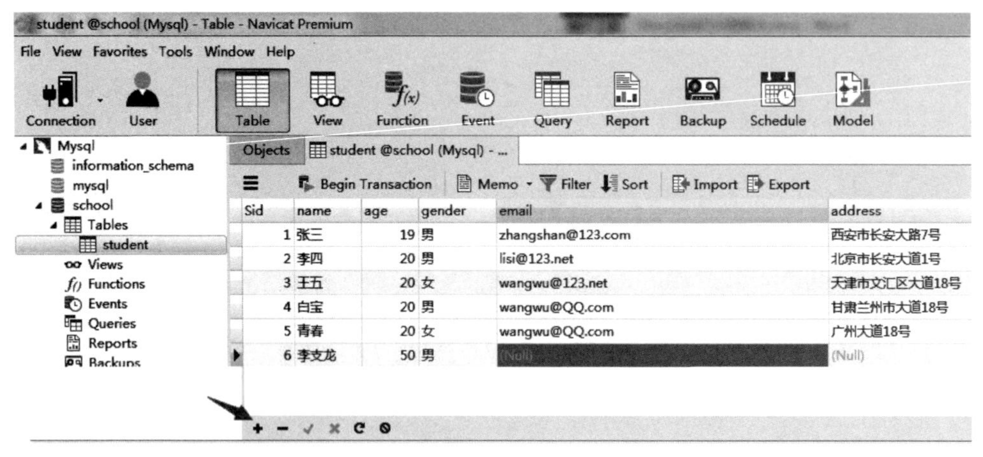

图3-60

单击左下角“+”号，增加一空白行，依次录入学生编号、姓名、年龄、性别、邮箱和地址等。

6.操作命令

（1）启动服务

说明：以管理员身份运行CMD，即在黑屏终端操作。

格式：net start 服务器名

示例：net start mysql

（2）停止服务

说明：以管理员身份运行CMD。

格式：net stop 服务器名

示例：net stop mysql

（3）连接命令

格式：mysql -u 用户名 -p

示例：mysql -u root -p

（4）全列插入

格式：insert into 表名 values(...值);

说明：主键列是自动增长的，但是在全列插入时要用0占位，插入后以实际数据为准。

示例：insert into student values(0,"tom",1,"北京",19);

(5) 指定列插入

格式：insert into student (列1，列2......) values (值1，值2);

示例：insert into student(name,address,age) values ("lisa","西宁"，22);

(6) 删除

格式：delete from 表名 where 条件;

示例：delete from student where id = 2;

注意：没有条件是全部删除，即将表清空。

(7) 修改

格式：update 表名 set 列1 = 值1,列2 = 值2 ...... where 条件

示例：update student set age = 16 where name = "tom";

注意：没有条件将全部修改。

(8) 查询

说明：查询表中的全部数据。

格式：select * from 表名;

示例：select * from student;

(9) 条件查询

格式：select * from 表名 where 条件

示例：select * from student where address = "北京"

结果：显示地址为北京的记录。

三、Redis键值(Key-Value)存储数据库

(一) 概述

远程字典服务（remote dictionary server，Redis）是一个开源的使用ANSI C语言编写、支持网络、可基于内存亦可持久化的日志型、Key-Value数据库，它提供多种语言的API。Redis支持主从同步功能。数据可以从主服务器向任意数量的从服务器上同步，从服务器可以是关联其他从服务器的主服务器。这使得Redis可执行单层树复制。存盘可以对数据进行写操作。由于完全实现了发布订阅机制，数据库在任何地方同步树时，可订阅一个频道并接收主服务器完整的消息发布记录。

(二) 安装

下载Redis-x64-3.0.504.zip安装包。解压Redis-x64-3.0.504.zip到D盘创建的工作目录中（如D:\redis）即可使用，无须安装。

（三）启动服务

在黑屏终端进入D:\redis目录，键入“redis-server.exe”并回车，出现如图3-61所示画面，表示启动成功。

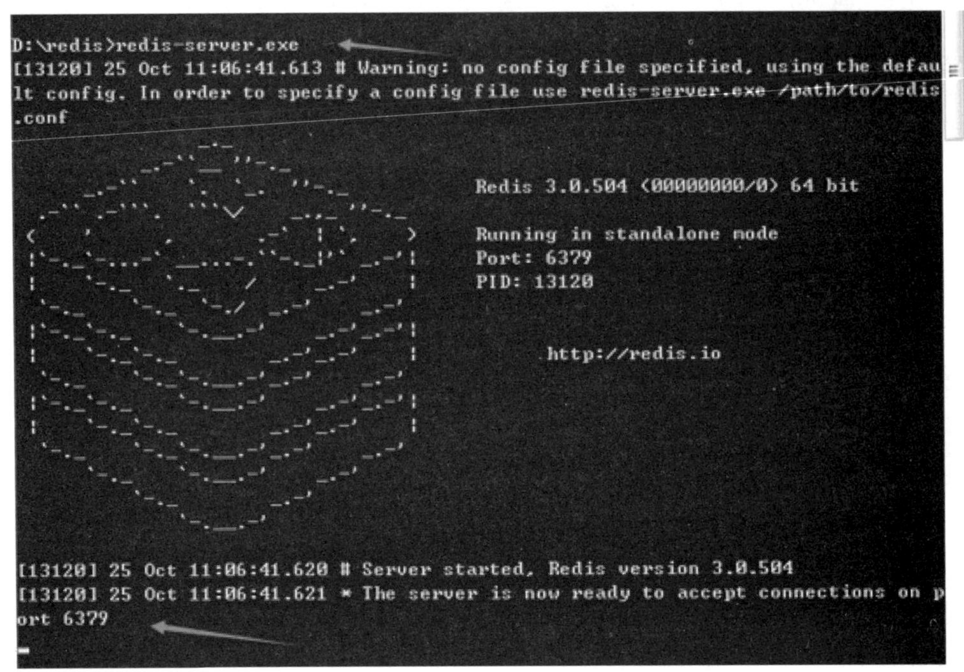

图3-61

（四）安装可视化工具

下载redis-desktop-manager-0.8.8.384.exe安装包（参考网址：https://www.cr173.com/soft/73300.html）。双击安装文件开始安装，根据屏幕提示单击“下一步”，出现如图3-62的画面，表示安装成功。

（五）连接

单击“connection to redis server”按键，根据屏幕提示输入name、host、port等信息，单击“OK”按钮。出现“Successful connection to redis-server”（连接服务成功）的提示，表示连接成功，如图3-63所示：

图 3-62

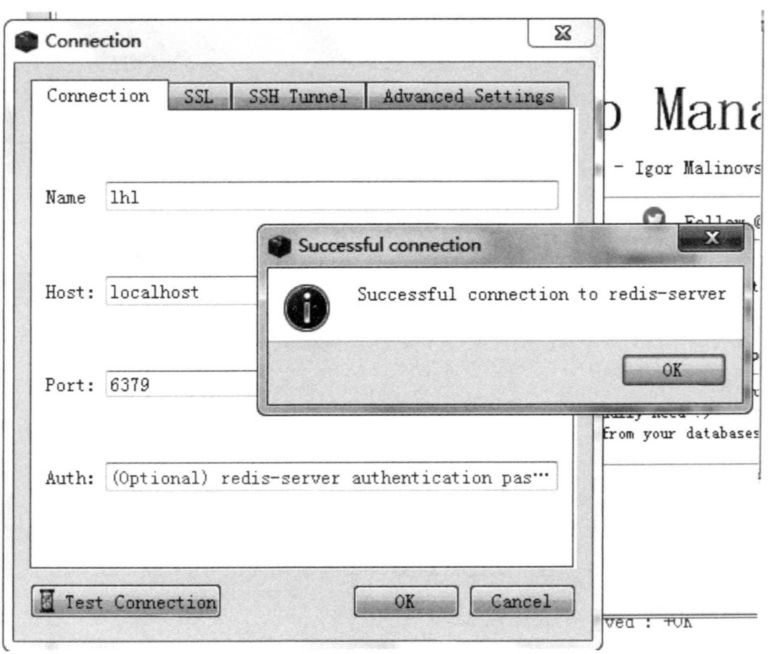

图 3-63

（六）在可视化工具中进入黑屏终端

在数据库名 lhl 单击右键->Console，将进入右下角的黑屏终端，在此可输入相应的

redis命令，如图3-64所示：

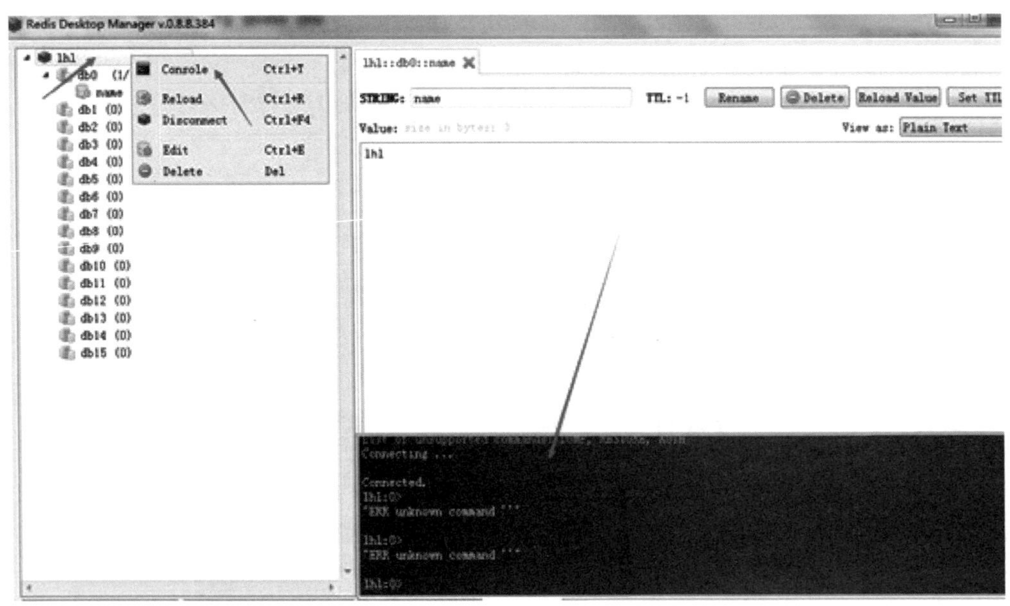

图3-64

1.设置值，即存储值

语法：set key value

示例：set a "this is a good man!"

2.设置多个键值

语法：mset key value[key value......]

示例：mset d goodafternoon e nice f 10

3.根据键获取值（如果键不存在，则返回null）

语法：get key

示例：get e

结果：nice

4.查找键（参数支持正则）

语法：keys pattern

示例：keys *

结果：显示所有键。

5.删除键及对应的值

语法：del key [key......]

示例：del key d e

结果："2"（返回删除个数）

四、MyBatis

（一）概述

MyBatis是一款优秀的持久层框架，它支持定制化SQL、存储过程以及高级映射。MyBatis避免了几乎所有的JDBC代码、手动设置参数和获取结果集。MyBatis可以使用简单的XML或注解来配置和映射原生信息，将普通的Java对象映射成数据库中的记录。MyBatis是一个与Maven无关的框架，主要用于Java数据库交互，可以帮助开发者更方便地操作数据库。

MyBatis提供了创建Connection、Statement、ResultSet的能力，开发人员就不用再创建这些对象了；提供了执行SQL语句的能力，开发人员就不用再执行SQL语句了；提供了把SQL的结果转为Java对象并封装到List集合的能力；提供了关闭资源的能力。总之，MyBatis是一个映射框架，提供的是对数据库的操作能力，是一个增强的JDBC。开发人员只需写SQL就可以了，不必关心Connection、Statement、ResultSet的创建、销毁、执行。开发人员只需提供SQL语句，得到的是List集合或Java对象。

（二）安装

在线安装：进入eclipse->help->Eclipse Marketplace，查找MyBatis，单击installed文件开始安装，如图3-65所示。根据屏幕提示，单击“Next”按钮，最后重新启动，即可完成安装。

（三）MyBatis开发步骤

1.创建数据库

在数据库工具Navicat for MySQL中创建数据库。本书示例数据库名为lhl，表名为user，有4个字段（id、username、password、phone）和3条记录，如图3-66所示。

2.创建项目

进入eclipse。单击File->new->maven project->next，出现如图3-67所示画面，选择快速入门模板。单击“Next”按钮进入项目信息录入画面，如图3-68所示。Group Id“com.myczs”，Artifact Id“lhl-02”，单击“Finish”按钮开始创建项目。

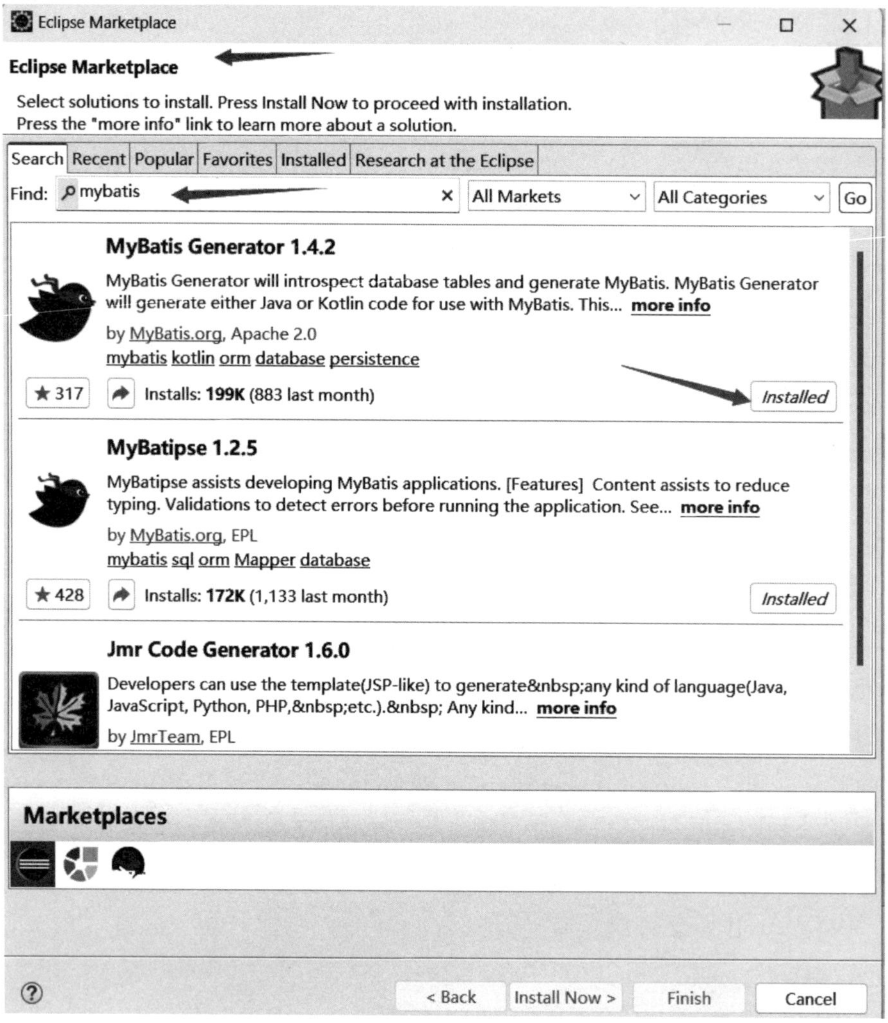

Eclipse Marketplace
Eclipse Marketplace
Select solutions to install. Press Install Now to proceed with installation.
Press the "more info" link to learn more about a solution.
Search
Recent
Popular
Favorites
Installed
Research at the Eclipse
Find:
mybatis
All Markets
All Categories
Go
MyBatis Generator 1.4.2
MyBatis Generator will introspect database tables and generate MyBatis. MyBatis Generator will generate either Java or Kotlin code for use with MyBatis. This... more info
by MyBatis.org, Apache 2.0
mybatis kotlin orm database persistence
317
Installs: 199K (883 last month)
Installed
MyBatipse 1.2.5
MyBatipse assists developing MyBatis applications. [Features] Content assists to reduce typing. Validations to detect errors before running the application. See... more info
by MyBatis.org, EPL
mybatis sql orm Mapper database
428
Installs: 172K (1,133 last month)
Installed
Jmr Code Generator 1.6.0
Developers can use the template(JSP-like) to generate any kind of language(Java, JavaScript, Python, PHP, etc.). Any kind... more info
by JmrTeam, EPL
Marketplaces
< Back
Install Now >
Finish
Cancel

图3-65

user @lhl (Mysql) - 表 - Navicat for MySQL
文件
查看
收藏夹
工具
窗口
帮助
登录
连接
用户
表
视图
函数
事件
查询
报表
备份
计划
模型
Mysql
information_schema
lhl
表
user
视图
函数
事件
查询
报表
备份
mysql
performance_schema
sakila
sys
world
user @lhl (Mysql) - 表
开始事务
备注
筛选
排序
导入
导出
id
username
password
phone
1 李青 123 13609367119
2 亚索 321 13709337118
3 张三 123 13809397116

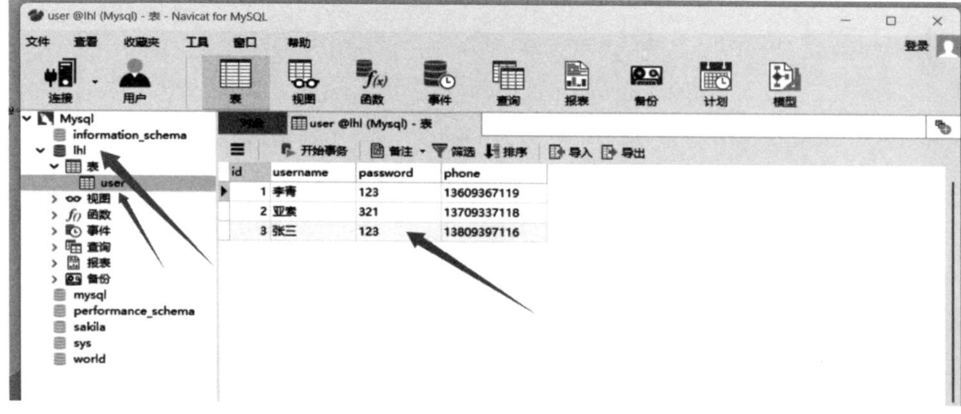

图3-66

New Maven Project
New Maven project
Select an Archetype
Catalog: Internal
Configure...
Filter:
Group Id
Artifact Id
Version
org.apache.maven.archetypes
maven-archetype-plugin-site
1.1
maven-archetype-portlet
1.0.1
maven-archetype-profiles
1.0-alpha-4
maven-archetype-quickstart
1.1
maven-archetype-site
1.1
maven-archetype-site-simple
1.1
maven-archetype-webapp
1.0
An archetype which contains a sample Maven project.
Show the last version of Archetype only
Include snapshot archetypes
Add Archetype...
Advanced
< Back
Next >
Finish
Cancel

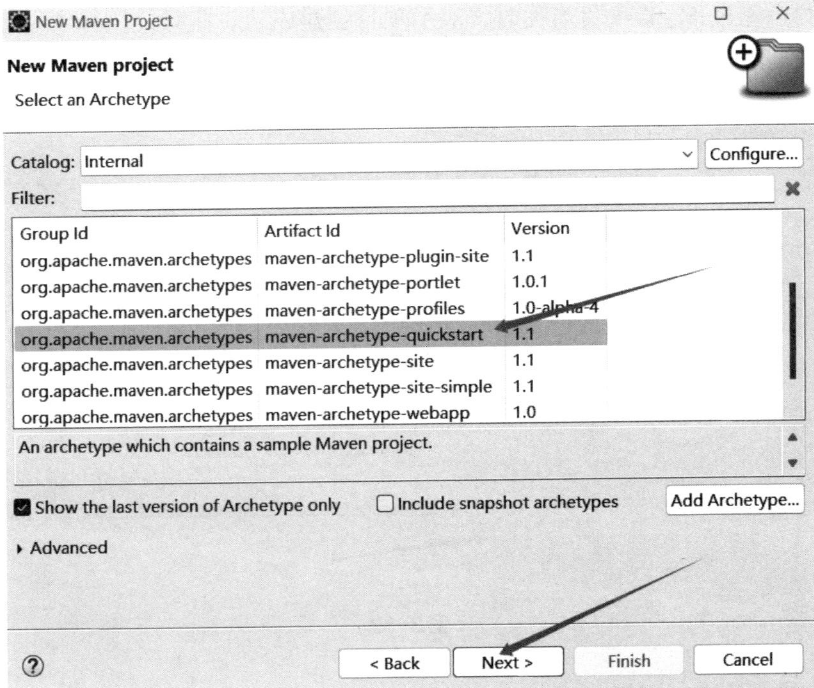

图3-67

New Maven Project
New Maven project
Specify Archetype parameters
Group Id: com.myczs
Artifact Id: lhl_02
Version: 0.0.1-SNAPSHOT
Package: com.myczs.lhl_02
run archetype generation interactively
Properties available from archetype:
Name
Value
Add...
Remove
Advanced
< Back
Next >
Finish
Cancel

图3-68

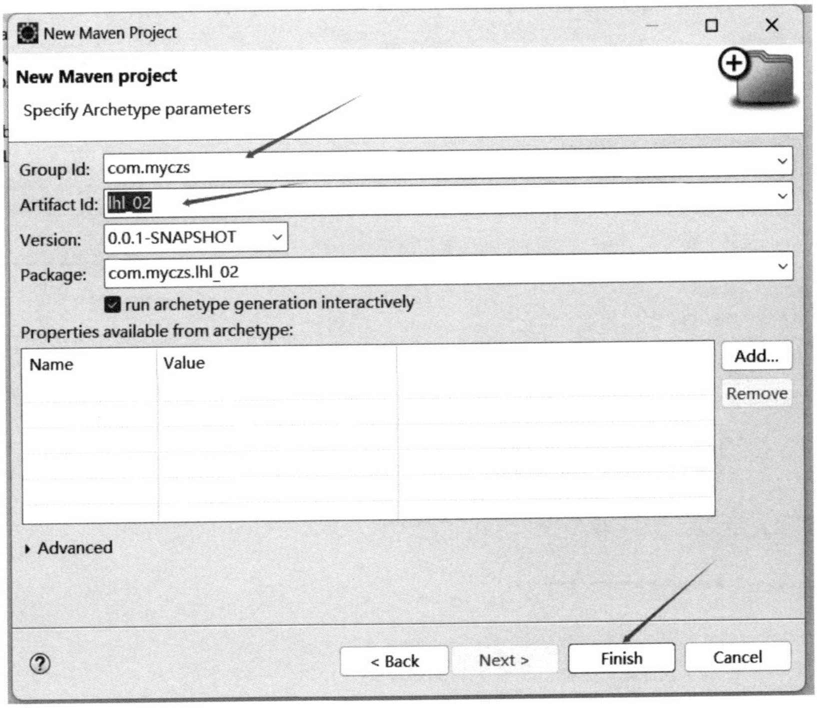

当看到左侧有lhl_02项目名称时，表示项目创建成功。此时，执行项目程序，将在控制台显示“Hello World!”，如图3-69所示：

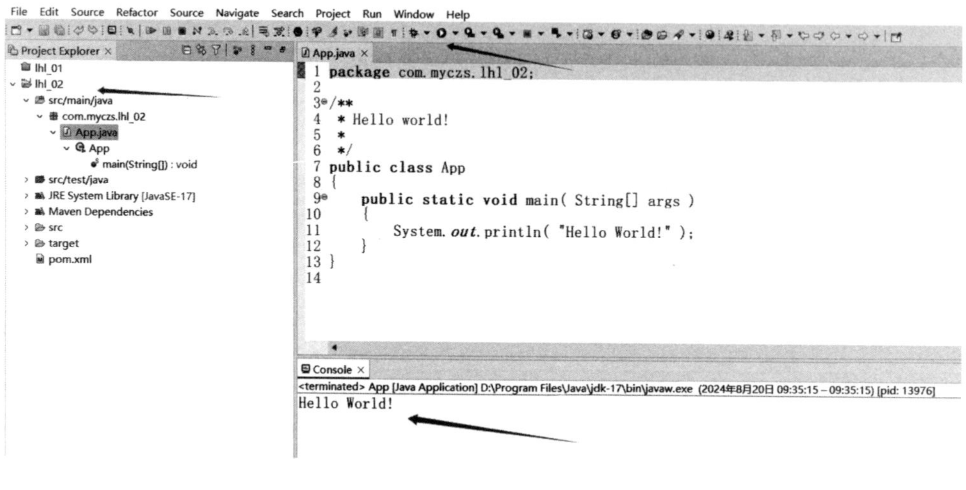

图3-69

3.安装数据库驱动程序

（1）下载驱动程序

进入https://dev.mysql.com/downloads/file/?id=498587网站，单击“开始我的下载”，下载驱动程序安装包mysql-connector-java-8.0.28.zip，如图3-70所示。解压后放到可用目录下，本书示例目录为D:\mysql-connector-java-8.0.28。

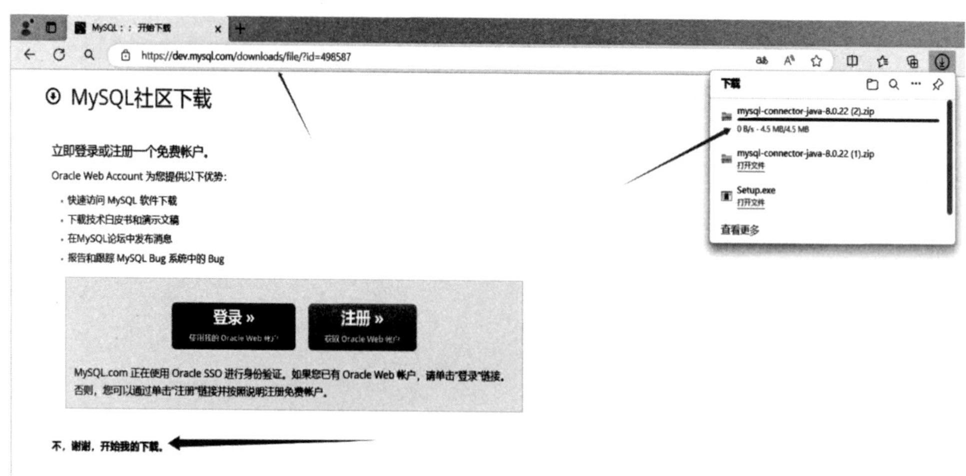

图3-70

（2）导入eclipse

单击项目左键->Jave Build Path->configure buildpath->Libraries标签->Add External JARs->选择已下载的mysql-connector-java-8.0.28.jar文件->打开->apply->apply and close，如图3-71所示：

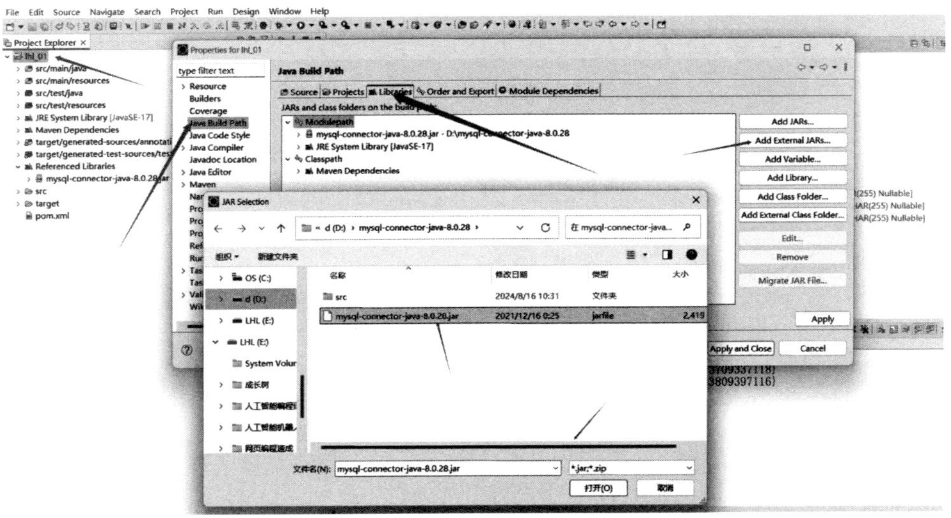

图3-71

导入后，在左侧可看到该驱动程序，如图3-72所示：

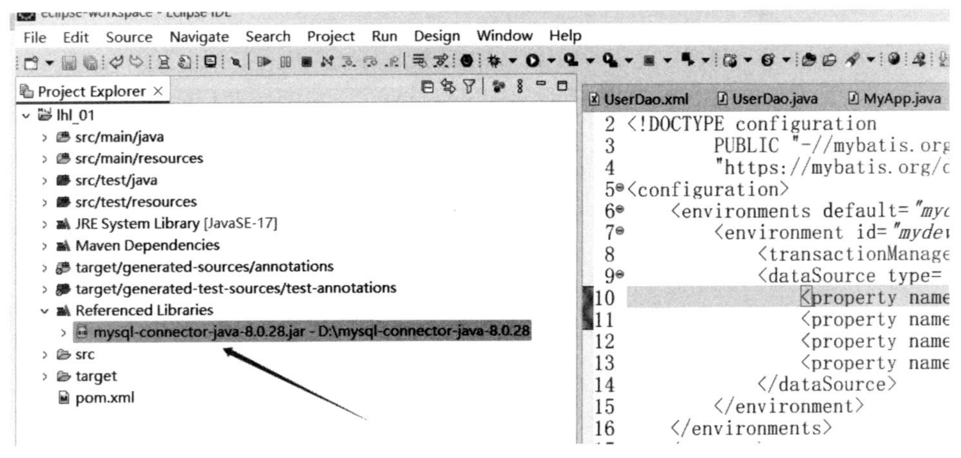

图3-72

（3）建立连接

单击window->show View->other->data Sourece Explorer->open。此时，可在右侧看到数据库连接窗口。在“database connection”单击左键->new，将打开数据库连接信息窗

口。输入数据库名“lhl”、用户名“root”、密码“123456”等信息后，单击“Test Connection”按钮测试，显示“Ping succeeded!”，表示连接成功，如图3-73所示：

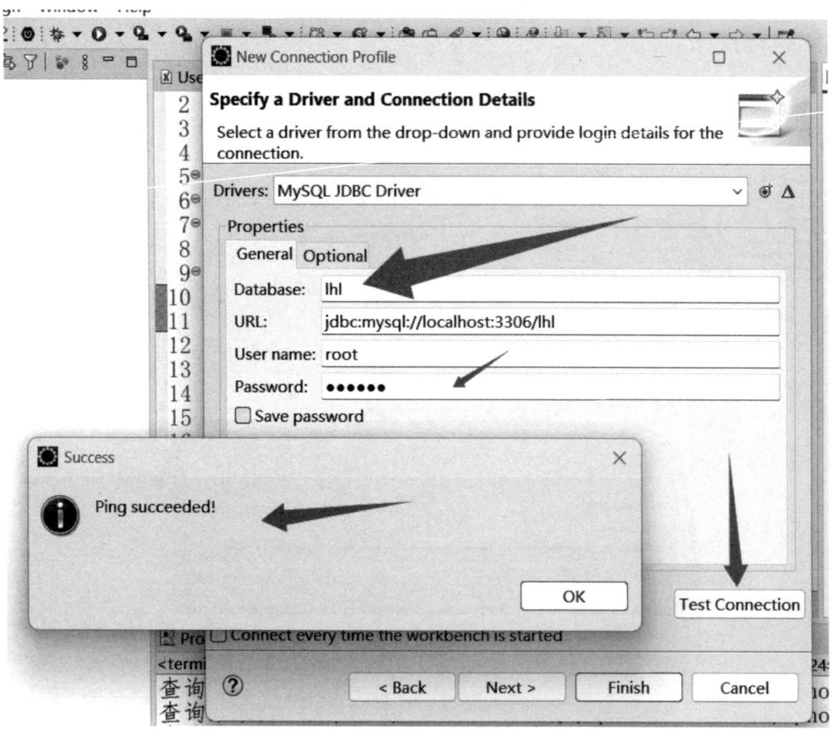

图3-73

此时，在右侧可看到连接好的数据库lhl、表名user及字段名，如图3-74所示：

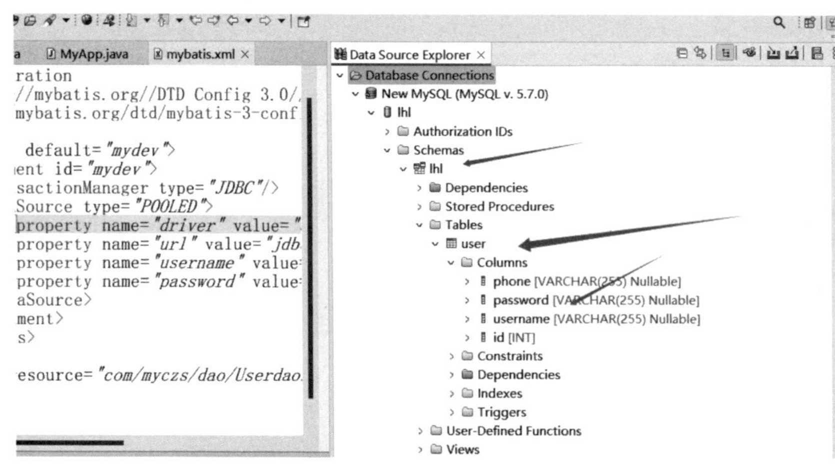

图3-74

4.导入依赖

打开pom.xml文件，加入mybatis依赖，加入mysql驱动，如代码3-2所示：

```
<project
xmlns=http://maven.apache.org/POM/4.0.0
xmlns:xsi="http://www.w3.org/2001/XMLSchema-instance"
  xsi:schemaLocation="http://maven.apache.org/POM/4.0.0
http://maven.apache.org/xsd/maven-4.0.0.xsd">
  <modelVersion>4.0.0</modelVersion>
  <groupId>com.myczs</groupId>
  <artifactId>lhl_02</artifactId>
  <version>0.0.1-SNAPSHOT</version>
  <packaging>jar</packaging>
  <name>lhl_02</name>

  <url>http://maven.apache.org</url>

  <properties>
    <project.build.sourceEncoding>UTF-8</project.build.sourceEncoding>
  </properties>

  <dependencies>
    <dependency>
      <groupId>junit</groupId>
      <artifactId>junit</artifactId>
      <version>3.8.1</version>
      <scope>test</scope>
    </dependency>
     <!-- mybatis依赖-->
    <dependency>
      <groupId>org.mybatis</groupId>
      <artifactId>mybatis</artifactId>
      <version>3.5.14</version>
```

代码3-2

```
    </dependency>
<!--    mysql驱动-->
    <dependency>
      <groupId>mysql</groupId>
      <artifactId>mysql-connector-java</artifactId>
      <version>8.0.28</version>
    </dependency>
  </dependencies>

</project>
```

续代码3-2

5.创建实体类

在com.myczs下创建domain包，并在其下创建实体类User，如代码3-3所示：

```
package com.myczs.domain;
//这个类名建议与表名一致,便于记忆

public class User {
      //定义属性,要求属性名和列名一致
      private int id;
    private String username;
    private String password;
private String phone;

    public int getId() {
        return id;    }
    public void setId(int id) {
        this.id = id;    }
    public String getUsername() {
        return username;    }
    public void setUsername(String username) {
```

代码3-3

```
        this.username = username;
    }

    public String getPassword() {
        return password;    }
    public void setPassword(String password) {
        this.password = password;
    }
    public String getPhone() {
        return phone;    }
    public void setPhone(String phone) {
        this.phone = phone;    }

    @Override
    public String toString() {
        return "User{" +
                "id=" + id +
                ", username=" + username +
                ", password='" + password + '\'' +
                ", phone=" + phone +
                '}';
    }
}
```

续代码3-3

6.创建操作数据库的接口

在com.myczs下创建dao包，并在其下创建**UserDao**接口文件，如代码3-4所示：

```
package com.myczs.dao;
import java.util.List;
import com.myczs.domain.User;
//这是一个操作数据库user表的接口
public interface UserDao {
//查询user表的所有数据。SelectUsers方法对应的是SQL语句的执行。这个SQL语句写在与接口同级的dao目录下的同名UserDao.xml映射文件中。
        public List<User> SelectUsers();}
```

代码3-4

7.创建SQL映射文件

在com.myczs.dao下创建UserDao.xml文件，如代码3-5所示：

```
<?xml version="1.0" encoding="UTF-8"?>
<!DOCTYPE mapper
      PUBLIC "-//mybatis.org//DTD Mapper 3.0//EN"
      "https://mybatis.org/dtd/mybatis-3-mapper.dtd">
<mapper namespace="com.myczs.dao.UserDao">
   <select id="SelectUsers" resultType="com.myczs.domain.User">
      select * from user
   </select>
</mapper>


<!--
说明:
1.以上为映射文件,有select * from user,mybatis语句就会执行这个语句。
2.以下两行为约束文件,其作用是:限制、检查在当前文件中出现的标签、属性、文件名等信息是否符合mybatis的要求。
<!DOCTYPE mapper
      PUBLIC "-//mybatis.org//DTD Mapper 3.0//EN"
      "https://mybatis.org/dtd/mybatis-3-mapper.dtd">
3.mapper为当前文件的根标签。
```

代码3-5

```
4. namespace命名空间,唯一值,可自定义。推荐使用接口的全限定名称:com.myczs.dao.UserDao。
5.特定标签:select表示查询,updata表示更新,insert表示插入,delete表示删除。其中写相应SQL语句。
其中,ID是要执行的语法的唯一标识,mybatis使用这个值找到要执行的语句,可以自定义,推荐用接口中的方法名称SelectUsers。
resultType:指定执行结果类型的。sql执行后得到ResulSet,遍历ResulSet得到Java对象的类型。值为类型的全限定名称com.myczs.domain.User -->
```

续代码3-5

8.创建连接数据库配置文件

在src/main目录下创建resources包，并在其下创建mybatis.xml文件，配置数据库连接信息，如代码3-6所示：

```
<?xml version="1.0" encoding="UTF-8"?>
<!DOCTYPE configuration
    PUBLIC "-//mybatis.org//DTD Config 3.0//EN"
    "https://mybatis.org/dtd/mybatis-3-config.dtd">
<configuration>
<!-- 环境配置数据库的连接信息
default:必须和某个environment的id值一样,告诉mybatis使用哪个数据库的信息,访问哪个数据库(可配置多个数据库连接信息) -->
  <environments default="mydev">
  <!-- <environment:一个数据库信息的配置,id:唯一值,自定义,表示环境的名称。
-->
    <environment id="mydev">
    <!-- transactionManager:mybatis的事务类型
    type:jdbc(表示使用jdbc中的connection对象的commit,rollback做事务处理) -->
      <transactionManager type="JDBC"/>
      <!-- dataSource:表示数据源
        type:表示数据源的类型,POOLED表示使用连接池 -->
      <dataSource type="POOLED">
```

代码3-6

```
        <!-- 以下driver数据库的驱动类名,url连接数据库的字符串,username访问数据库的用户名,password密码四项是连接数据库的固定信息,不能随意改动 -->
          <property name="driver" value="com.mysql.cj.jdbc.Driver"/>
          <property name="url" value="jdbc:mysql://localhost:3306/lhl"/>
          <property name="username" value="root"/>
          <property name="password" value="123456"/>
        </dataSource>
      </environment>
    </environments>
    <mappers>
  <!-- 一个mapper标签指定一个文件的位置,从类路径开始的路径信息,即从target/classes之后的路径 -->
      <mapper resource="com/myczs/dao/Userdao.xml"/>
    </mappers>
</configuration>
<!-- 说明:
1.本文件是mybatis的主配置文件,主要定义了数据库的配置信息,映射文件的位置。
2.约束文件:
  PUBLIC "-//mybatis.org//DTD Config 3.0//EN"
  "https://mybatis.org/dtd/mybatis-3-config.dtd">
3. <configuration>根标签,主要有两大配置:
  <environments>环境配置:数据库的连接信息。
  <mappers>映射文件配置:sql mapper(sql映射文件)的位置 -->
```

续代码3-6

9.创建测试类文件

在domain包下创建MyApp类，如代码3-7所示：

```
package com.myczs.domain;
import+ java.io.IOException;
public class MyApp {
   public static void main(String[] args) throws IOException {
// 访问mybatis文件,读取user表数据
// 1.指定mybatis主配文件mybatis.xml(文件名可自定义)的位置,从类路径根开始。
      String config = "mybatis.xml";
// 2.读取这个config表示的文件
       InputStream in = Resources.getResourceAsStream(config);
// 3.创建SqlSessionFactoryBuilder对象
       SqlSessionFactoryBuilder builder = new SqlSessionFactoryBuilder();
// 4.创建SqlSessionFactory对象
       SqlSessionFactory factory = builder.build(in);
// 5.【重要】获取sqlSession对象,从factory中获取sqlSession
       SqlSession sqlSession = factory.openSession();
// 6.【重要】指定要执行sql语句的标识。sql映射文件中的namesapce+",.+标签的id值
      String sqlid="com.myczs.dao.UserDao"+"."+"SelectUsers";
// String sqlid="com.myczs.dao.UserDao.SelectUsers";
// 7.通过sqlid找到sql语句,并执行
      List<User> userList = sqlSession.selectList(sqlid);
// 8.输出结果
// userList.forEach(stu->System.out.println(stu));
      for(User user:userList){
         System.out.println("查询结果lhl_02:"+user); }
// 9.关闭sqlSession对象
      sqlSession.close();
   }
}
```

代码3-7

执行MyApp入口类，控制台输出如图3-75所示信息。至此，一个MyBatis读取数据库就建好了。

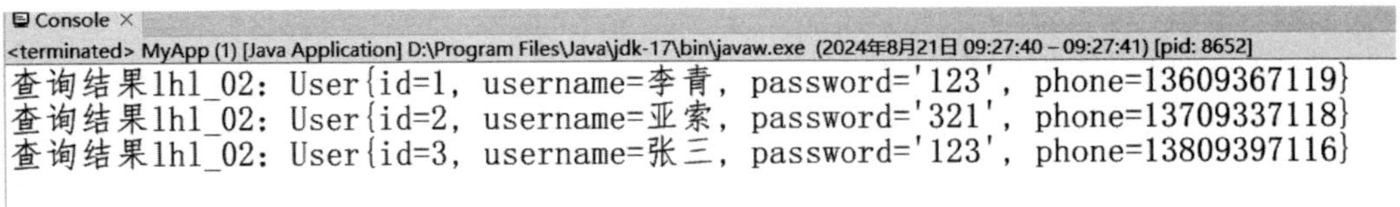

```
Console ×
<terminated> MyApp (1) [Java Application] D:\Program Files\Java\jdk-17\bin\javaw.exe (2024年8月21日 09:27:40 – 09:27:41) [pid: 8652]
查询结果lhl_02：User{id=1, username=李青, password='123', phone=13609367119}
查询结果lhl_02：User{id=2, username=亚索, password='321', phone=13709337118}
查询结果lhl_02：User{id=3, username=张三, password='123', phone=13809397116}
```

图3-75

第七节　Spring Boot

Spring Boot是一个基于Spring的全新框架，旨在简化Spring应用的初始搭建和开发过程。通过使用特定的配置方式，开发人员不再需要定义样板化的配置，从而简化Spring应用的搭建和开发过程。Spring Boot的特点包括：

（1）简化配置：通过自动化配置和约定大于配置的原则，减少开发者的配置工作。根据依赖、类路径和其他条件智能地自动配置应用程序，并提供一致的默认配置，使开发人员可以更专注于业务逻辑的实现。

（2）快速搭建应用：提供了一组开箱即用的Starter包，包括常见的依赖库和配置文件，开发者能够快速构建一个可运行的应用程序。同时，它还提供了内嵌的Servlet容器，如Tomcat或Jetty，无须额外的部署和配置。

（3）自动化管理依赖：使用Maven或Gradle来管理项目依赖，自动分析项目的依赖关系，并自动解决版本冲突问题，开发者只需要声明所需的依赖，而不必手动管理复杂的依赖关系。

（4）内置监控和管理端点：提供了一些内置的监控和管理端点，如健康检查、信息展示、性能监控等，方便开发者了解应用程序的运行状态并进行相关的管理和监控。

（5）微服务支持：集成了Spring Cloud组件，提供了诸如服务注册与发现、负载均衡、断路器、配置中心等功能，使开发者能够轻松地构建和管理分布式系统。

（6）Spring Boot的出现，使开发人员能够更快速地构建和部署基于Spring的应用程序，无论是单体应用程序还是微服务架构。

一、Spring Boot快速入门

1.创建项目

选择file->new->Maven Project->Next，出现如图3-76所示画面：

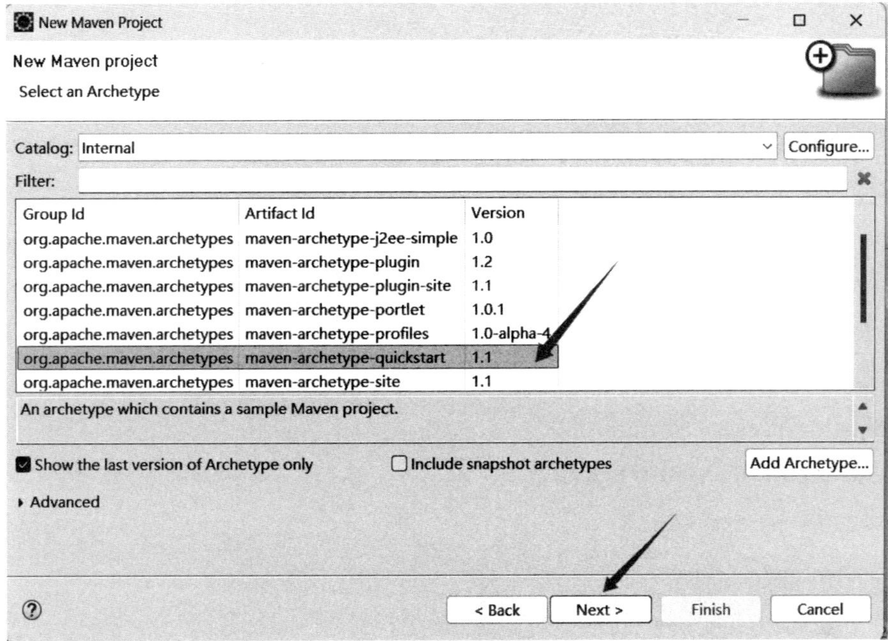

图3-76

选择maven-archetype-quickstart->Next，出现如图3-77所示画面。Group Id “com.myczs”，Artifact Id “springboot”，单击“Finish”按钮，开始创建项目。

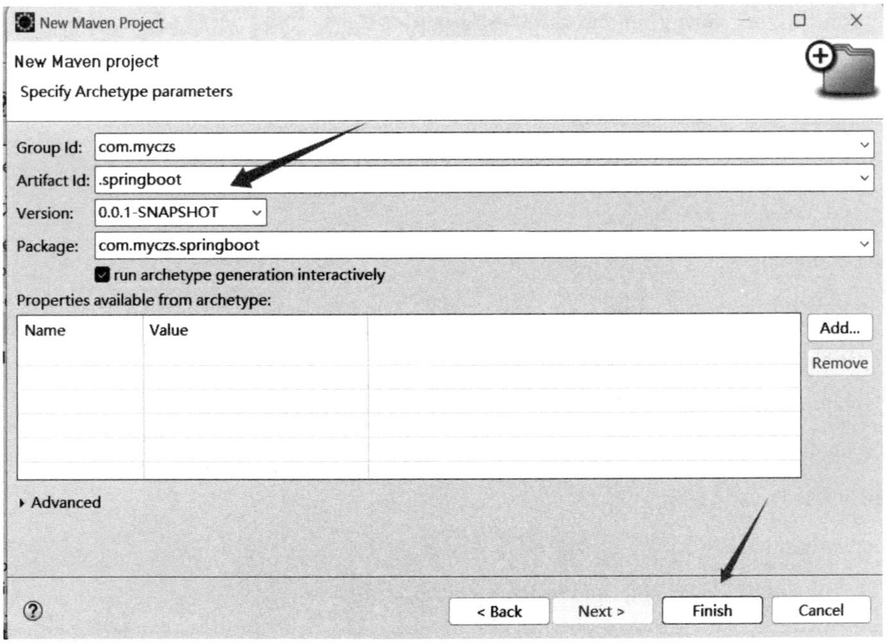

图3-77

2. 配置Pom.xml文件

添加依赖坐标，如代码3-8所示：

```
<project xmlns="http://maven.apache.org/POM/4.0.0" xmlns:xsi="http://www.w3.org/2001/
XMLSchema-instance"
 xsi:schemaLocation="http://maven.apache.org/POM/4.0.0 http://maven.apache.org/xsd/ma-
ven-4.0.0.xsd">
 <modelVersion>4.0.0</modelVersion>
 <groupId>com.myczs</groupId>
 <artifactId>springboot</artifactId>
 <version>0.0.1-SNAPSHOT</version>
 <packaging>jar</packaging>
 <name>springboot</name>
 <url>http://maven.apache.org</url>
 <properties>
  <project.build.sourceEncoding>UTF-8</project.build.sourceEncoding>
 </properties>
<!--spring-boot应用,首选starter坐标,之后可自动统一版本号-->
 <parent>
     <groupId>org.springframework.boot</groupId>
         <artifactId>spring-boot-starter-parent</artifactId>
         <version>3.3.4</version>
 </parent>
 <dependencies>
  <dependency>
   <groupId>junit</groupId>
   <artifactId>junit</artifactId>
   <version>3.8.1</version>
   <scope>test</scope>
</dependency>
  <dependency>
         <groupId>org.springframework.boot</groupId>
```

代码3-8

```
            <artifactId>spring-boot-starter-web</artifactId>
        </dependency>

    </dependencies>
    <build>
        <plugins>
            <plugin>
                <groupId>org.springframework.boot</groupId>
                <artifactId>spring-boot-maven-plugin</artifactId>
            </plugin>
        </plugins>
    </build>
</project>
```

续代码3-8

3.在com.myczs.springboot.controller包下创建控制器controller类

如代码3-9所示：

```
package com.myczs.springboot.controller;
import+ org.springframework.stereotype.Controller;

@Controller

public class HelloController {
    @RequestMapping("/hello")//映射地址
    @ResponseBody//返回字符串

    public String hello() {
        return "Hello Springboot!";
    }
}
```

代码3-9

4. 在com.myczs.springboot包下创建Starter启动类

如代码3-10所示：

```
package com.myczs.springboot;
import+ org.springframework.boot.SpringApplication;
@SpringBootApplication//启动程序
public class Starter {
  public static void main(String[] args) {
     SpringApplication.run(Starter.class);
}
}
```

代码3-10

5. 运行

在starter.java类上单击右键-> Run as-> java Application启动main方法，在控制台出现如图3-78所示信息，表示启动成功。

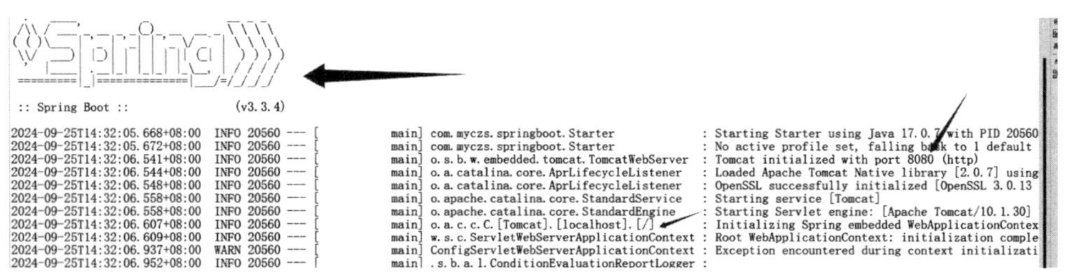

图3-78

此时，在浏览器输入“http://localhost:8080/hello”，浏览器显示如图3-79所示信息：

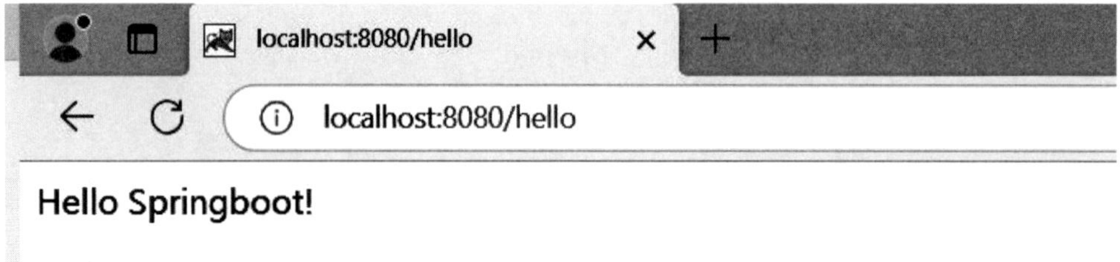

图3-79

二、Spring Boot应用打包与部署

1.Jar包打包部署

Jar包是由Java执行的包。首先，在Pom.xml文件中添加代码3-11所示配置：

```
<!--编译插件-->
   <plugin>
        <groupId>org.apache.maven.plugins</groupId>
        <artifactId>maven-compiler-plugin</artifactId>
   </plugin>
<!--主文件路径-->
   <configuration>
        <mainClass>com.myczs.springboot.Starter</mainClass>
        <layout>JAR</layout>
   </configuration>
<!--打包执行-->
   <executions>
   <execution>
        <goals>
             <goal>repackage</goal>
        </goals>
   </execution>
</executions>
```

代码3-11

然后，在项目springboot单击右键 Run as -> maven build，出现如图3-80所示画面。在Goals中输入“clean package”（清除，打包）->Run（开始打包）。

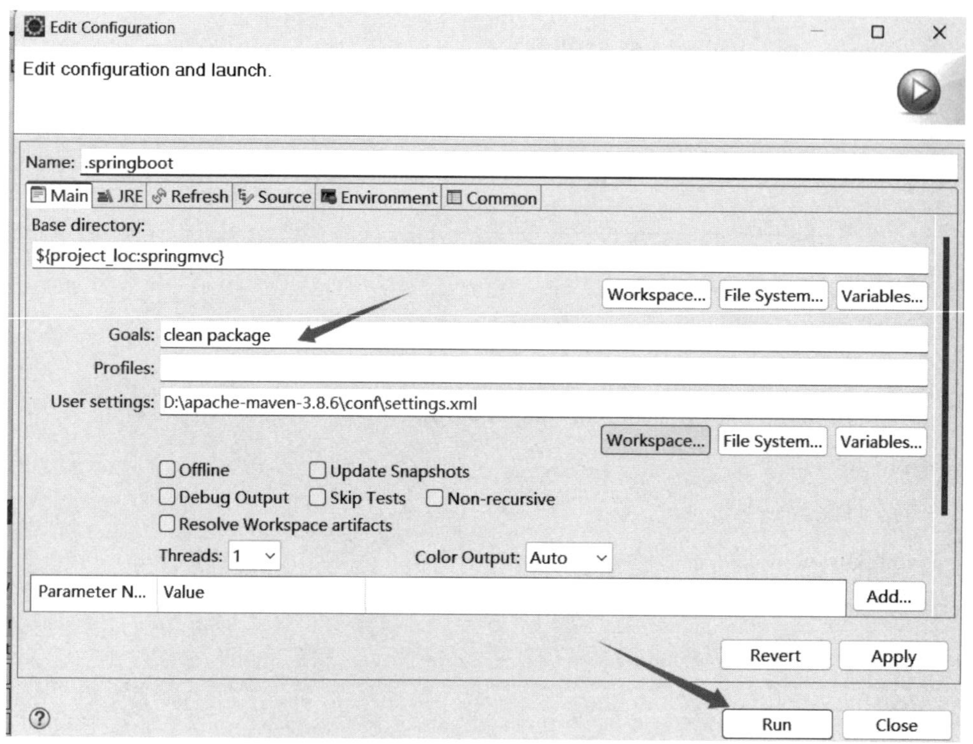

图3-80

控制台出现如图3-81所示提示，表示打包成功。将打包后的Jar包放到D:\eclipse\eclipse-workspace\springboot\target\springboot-0.0.1-SNAPSHOT.jar目录下。

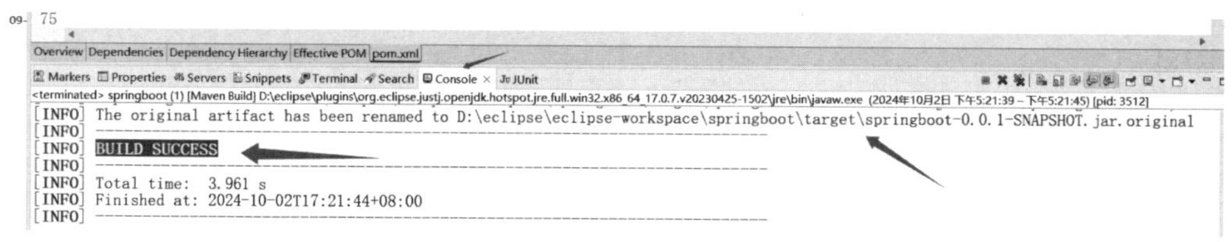

图3-81

最后，在命令框输入“java -jar D:\eclipse\eclipse-workspace\springboot\target\springboot-0.0.1-SNAPSHOT.jar”回车，启动项目。再到浏览器访问“http://localhost:8989/mvc/index”，项目被执行。

2.War包打包部署

War包是由Tomcat执行的包，在创建项目时选择Webapp模板。首先，在项目上单击右键Export->WAR file，出现如图3-82所示画面。输入项目名“springlhl”和Tomcat

目录路径“D:\tomcat10\webapps\springlhl.war”。然后，单击“Finish”按钮，即开始打包。没有错误提示，表示打包完成。

Export
WAR Export
Export Web project to the local file system.
Web project:
springlhl
Destination:
D:\tomcat10\webapps\springlhl.war
Browse...
Target runtime
Optimize for a specific server runtime
Apache Tomcat v10.1
Export source files
Overwrite existing file
Finish
Cancel

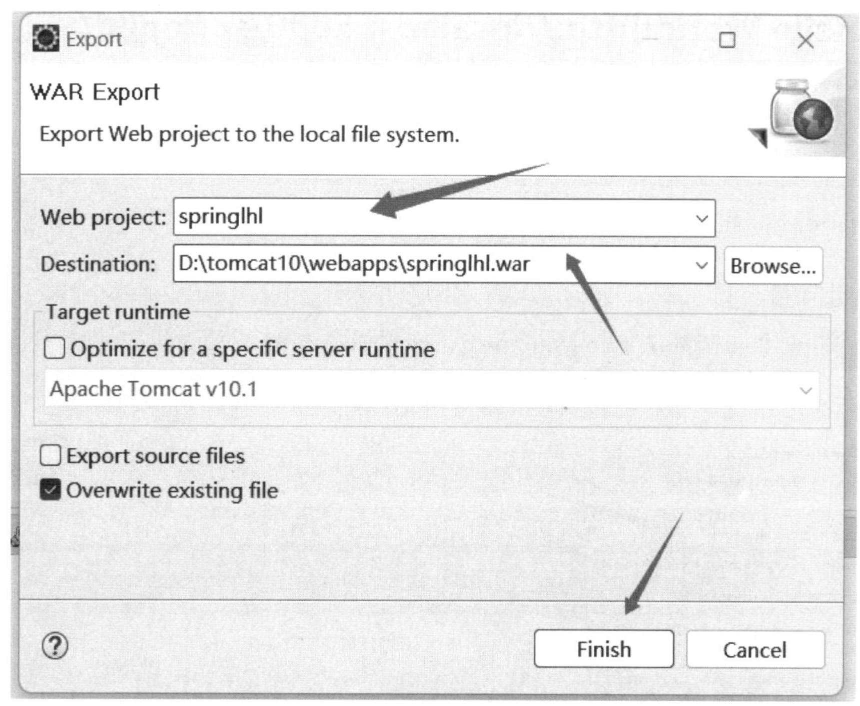

图3-82

查看tomcat10\webapps，将看到springlhl.war文件。进入tomcat10\bin目录，找到startup.bat文件并双击，启动服务，在命令窗口出现如图3-83所示信息，表示服务启动成功。

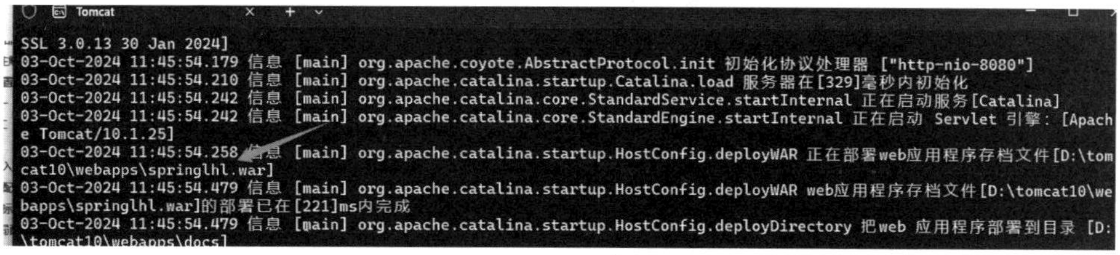

Tomcat
SSL 3.0.13 30 Jan 2024]
03-Oct-2024 11:45:54.179 信息 [main] org.apache.coyote.AbstractProtocol.init 初始化协议处理器 ["http-nio-8080"]
03-Oct-2024 11:45:54.210 信息 [main] org.apache.catalina.startup.Catalina.load 服务器在[329]毫秒内初始化
03-Oct-2024 11:45:54.242 信息 [main] org.apache.catalina.core.StandardService.startInternal 正在启动服务[Catalina]
03-Oct-2024 11:45:54.242 信息 [main] org.apache.catalina.core.StandardEngine.startInternal 正在启动 Servlet 引擎: [Apache Tomcat/10.1.25]
03-Oct-2024 11:45:54.258 信息 [main] org.apache.catalina.startup.HostConfig.deployWAR 正在部署web应用程序存档文件[D:\tomcat10\webapps\springlhl.war]
03-Oct-2024 11:45:54.479 信息 [main] org.apache.catalina.startup.HostConfig.deployWAR web应用程序存档文件[D:\tomcat10\webapps\springlhl.war]的部署已在[221]ms内完成
03-Oct-2024 11:45:54.479 信息 [main] org.apache.catalina.startup.HostConfig.deployDirectory 把web 应用程序部署到目录 [D:\tomcat10\webapps\docs]

图3-83

在浏览器输入“http://localhost:8080/springlhl”，将显示如图3-84所示信息：

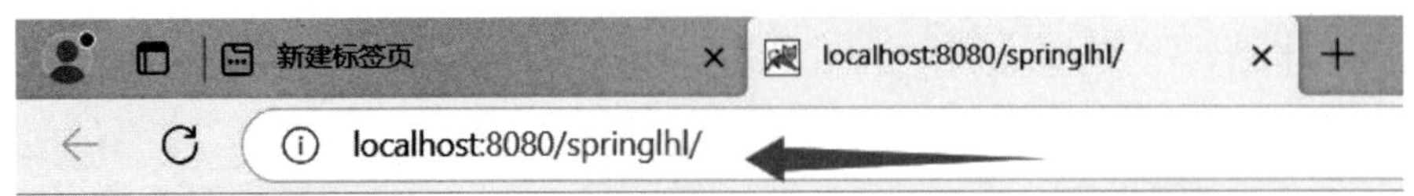

图3-84

三、Spring Boot与MyBatis整合

1.创建项目

单击File->New->Maven Project->Next，出现如图3-85所示画面：

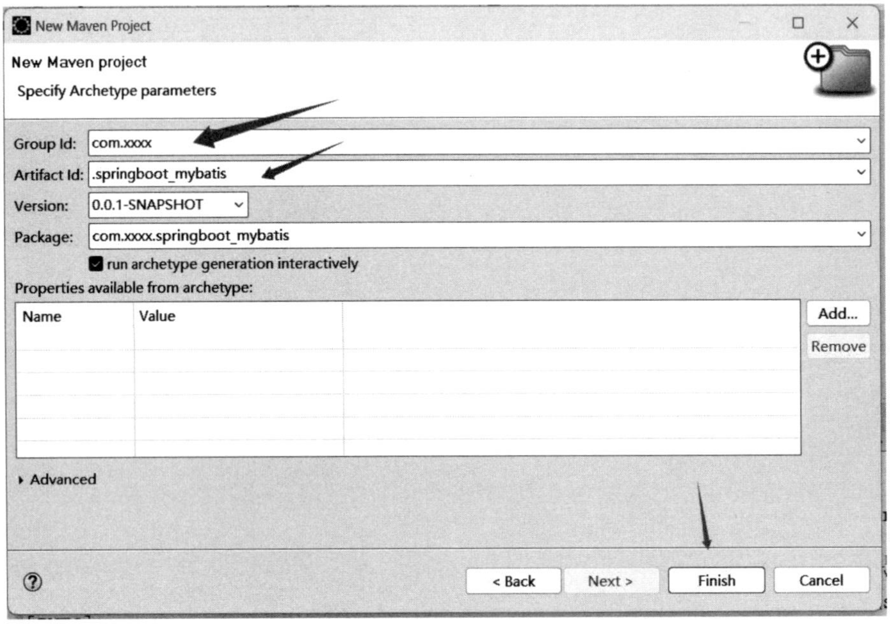

图3-85

选择“maven-archetype-quickstart->Next”，出现如图3-86所示画面。Group Id：com.xxxx，Artifact ID：springboot_mybatis->Finish。开始创建项目。

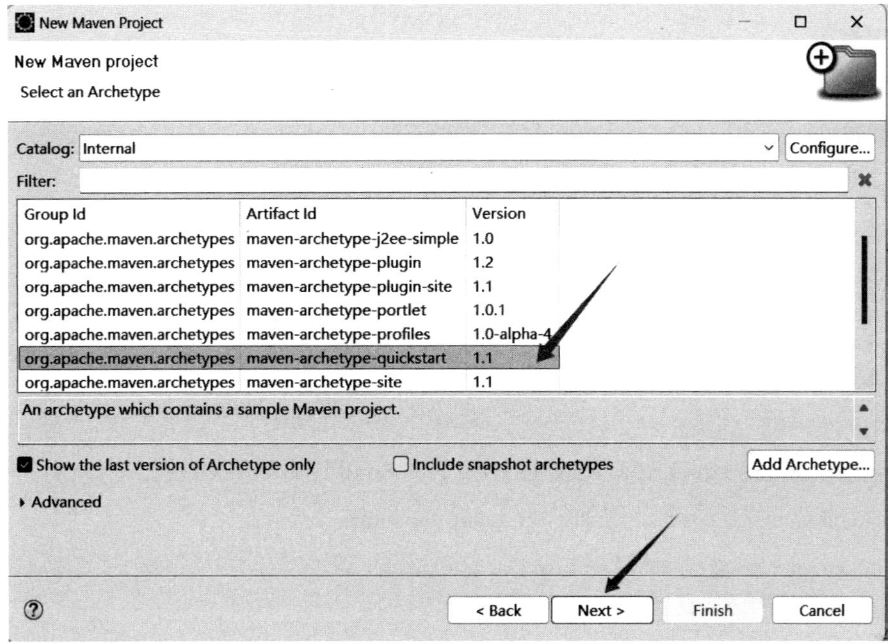

图3-86

2.pom.xml配置

如代码3-12所示：

```
<projectxmlns="http://maven.apache.org/POM/4.0.0" xmlns:xsi="http://www.w3.org/2001/
XMLSchema-instance"
  xsi:schemaLocation="http://maven.apache.org/POM/4.0.0 http://maven.apache.org/xsd/ma-
ven-4.0.0.xsd">
  <modelVersion>4.0.0</modelVersion>
  <groupId>com.myczs</groupId>
  <artifactId>springboot_mybatis</artifactId>
  <version>0.0.1-SNAPSHOT</version>
  <packaging>jar</packaging>
  <name>springboot_mybatis</name>
  <url>http://maven.apache.org</url>
context-path: /springboot_mybatis
```

代码3-12

```
#数据源配置
spring:
  datasource:
    type: com.zaxxer.hikari.HikariDataSource
    driver-class-name: com.mysql.cj.jdbc.Driver
    url: jdbc:mysql://127.0.0.1:3306/lhl?useUnicode=true&characterEncoding=utf8&server-
Timezone=GMT%2B8
    username: root
  <properties>
    <project.build.sourceEncoding>UTF-8</project.build.sourceEncoding>
    <maven.compiler.source>17</maven.compiler.source>
    <maven.compiler.target>17</maven.compiler.target>
  </properties>
<!--继承父模块的配置-->
  <parent>
        <groupId>org.springframework.boot</groupId>
            <artifactId>spring-boot-starter-parent</artifactId>
            <version>3.3.4</version>
  </parent>
<dependencies>
        <!--web 环境-->
        <dependency>
            <groupId>org.springframework.boot</groupId>
            <artifactId>spring-boot-starter-web</artifactId>
      </dependency>
      <!--mybatis 集成-->
        <dependency>
            <groupId>org.mybatis.spring.boot</groupId>
            <artifactId>mybatis-spring-boot-starter</artifactId>
            <version>3.0.3</version>
```

续代码3-12

```
    </dependency>
        <!--springboot 分页插件-->
    <dependency>
        <groupId>com.github.pagehelper</groupId>
        <artifactId>pagehelper-spring-boot-starter</artifactId>
        <version>1.2.13</version>
    </dependency>
    <!--mysql 驱动-->
    <dependency>
        <groupId>mysql</groupId>
        <artifactId>mysql-connector-java</artifactId>
        <version>8.0.28</version>
    </dependency>
     <!--mysql JDBC数据源连接池-->
    <dependency>
        <groupId>com.mchange</groupId>
        <artifactId>c3p0</artifactId>
        <version>0.9.5.5</version>
    </dependency>
  </dependencies>
  <build>
        <plugins>
            <!--maven插件-->
            <plugin>
                <groupId>org.springframework.boot</groupId>
                <artifactId>spring-boot-maven-plugin</artifactId>
            </plugin>
        </plugins>
   </build>
</project>
```

续代码3-12

3. 在main目录下建resources目录，并建application.yml配置文件

如代码3-13所示：

```
server:
#设置项目启动的端口
 port: 8080
 #设置项目的访问路径(上下文路径)
 servlet:
password: 123456

#mybatis配置
mybatis:
 mapper-locations: classpath:/mappers/*.xml
 type-aliases-package: com.myczs.po
 configuration:
   cache-enabled: true
   lazy-loading-enabled: false
 #下划线转驼峰配置
 map-underscore-to-camel-case: true

#pageHelper 分页配置
pagehelper:
 helper-dialect: mysql

#日志输出格式和文件配置
logging:
 level:
   com:
     myczs:
       dao: debug  file:
   path: "."
   name: "springboot.log"
```

代码3-13

4. 在com.myczs.po目录下创建User.java类对象

如代码3-14所示：

```
package com.myczs.po;
public class User {
    private Integer id;
    private String username;
    private String password;
    private String phone;
    public Integer getId() {
        return id;
    }
    public void setId(Integer id) {
        this.id = id;
    }
    public String getUsername() {
        return username;
    }
    public void setUsername(String username) {
        this.username = username;
    }
    public String getPassword() {
        return password;
    }
    public void setPassword(String password) {
        this.password = password;
    }
    public String getPhone() {
        return phone;
    }
    public void setPhone(String phone) {
```

代码3-14

```
        this.phone = phone;
    }
    @Override
    public String toString() {
        return "User [id=" + id + ", username=" + username + ", password=" + password
+ ", phone=" + phone + "]";
    }
}
```

续代码3-14

5. 在com.myczs.dao目录下创建UserMapper.java类接口声明方法

如代码3-15所示：

```
package com.myczs.dao;
import com.myczs.po.User;
public interface UserMapper {
    //根据用户名查询用户记录
    User queryUserByUserNane(String userName);
}
```

代码3-15

6. 在resources/mappers目录下创建UserMapper.xml文件

如代码3-16所示：

```
<?xml version="1.0" encoding="UTF-8"?>
<!DOCTYPE mapper PUBLIC "-//mybatis.org//DTD Mapper 3.0//EN" "https://mybatis.org/
dtd/mybatis-3-mapper.dtd">
<mapper namespace="com.myczs.dao.UserMapper">
  <select id = "queryUserByUserNane" parameterType="string" resultType ="com.myczs.
po.User">
    select id,username,password,phone from user where username=#{userName}
  </select>
</mapper>
```

代码3-16

7.在com.myczs.service目录下创建UserService.java实现方法

如代码3-17所示：

```
package com.myczs.service;
import+ org.springframework.stereotype.Service;
//@Service标记服务层组件，并告诉Spring框架将该类纳入管理
@Service
public class UserService {
package com.myczs.service;
import+ org.springframework.stereotype.Service;
//@Service标记服务层组件，并告诉Spring框架将该类纳入管理
@Service
public class UserService {
    //@Resource用于依赖注入。方便管理对象之间的依赖关系
    @Resource
    private UserMapper userMapper;
    public User queryUserByUserNane(String userName) {
        return userMapper.queryUserByUserNane(userName);
    }
}
```

代码3-17

8.在com.myczs.controller目录下创建UserController.java控制类

如代码3-18所示：

```
Import+ org.springframework.web.bind.annotation.GetMapping;
//@RestController用于标识这个类是RESTful服务的控制器。专门用于处理HTTP请
求，并返回JSON、XML或其他类型的响应体。
@RestController
```

代码3-18

```
public class UserController {
    @Resource
    private UserService userService;
//  @GetMapping用于处理HTTP GET请求
    @GetMapping("/user/{userName}")
    public User queryUserByUserNane(@PathVariable String userName) {
        return userService.queryUserByUserNane(userName);
    }
}
```

续代码3-18

9.在com.myczs目录下创建Starter.java启动类

如代码3-19所示：

```
package com.myczs;
import+ org.mybatis.spring.annotation.MapperScan;
//@SpringBootApplication用于简化Spring Boot应用程序的配置和启动过程
@SpringBootApplication
//@MapperScan@MapperScan注解用于在MyBatis框架中扫描指定包下的Mapper接口
@MapperScan("com.myczs.dao")
public class Starter {
  public static void main(String[] args) {
     SpringApplication.run(Starter.class);
}
}
```

代码3-19

10.测试

在Starter.java类上单击右键->Run as ->java Application，启动服务。出现如图3-87所示信息，表示启动成功。

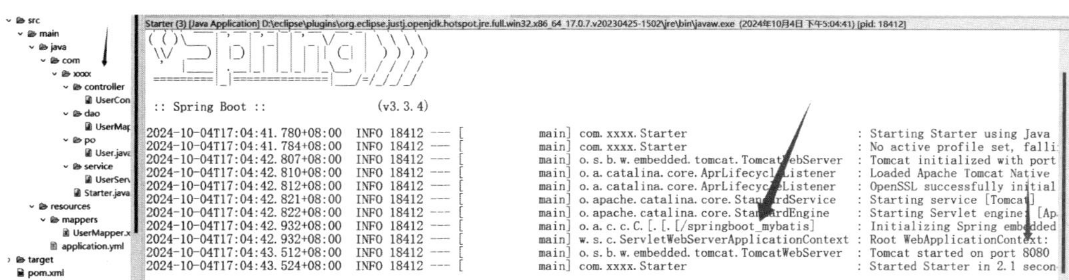

图3-87

在浏览器输入“http://localhost:8080/springboot_mybatis/user/张三”，显示从数据库查到的结果，如图3-88所示：

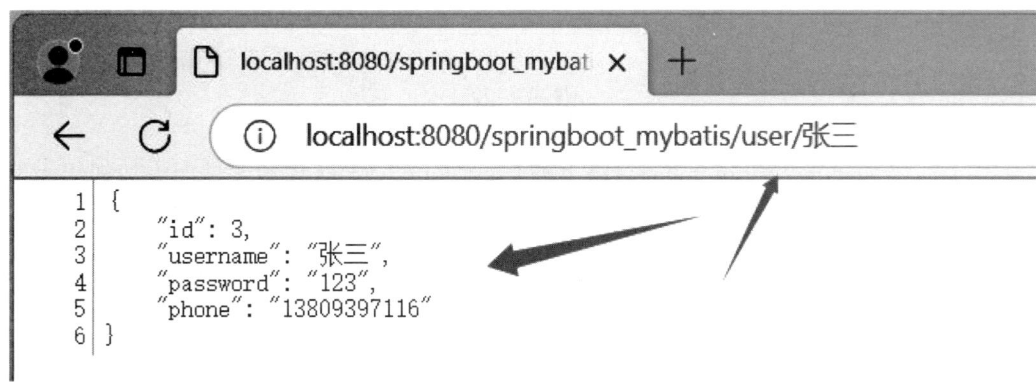

图3-88

四、Spring Boot数据访问操作

1.查询全部数据

首先，在com/myczs/dao目录下的UserMapper.java接口文件中添加如代码3-20所示语句：

```
//查询所有用户 List表示一个有序集合,可以存储有序的元素序列
    List<User> queryall();
```

代码3-20

然后，在resources/mappers目录下的UserMapper.xml文件中添加如代码3-21所示SQL语句：

```
<select id = "queryall" resultType ="com.myczs.po.User">
    select id,username,password,phone from user
  </select>
```

代码3-21

接着，在com/myczs/service目录下的UserService.java文件中添加如代码3-22所示语句：

```
public List<User> queryall() {
            return userMapper.queryall();
    }
```

代码3-22

最后，在com/myczs/Controller目录下的UserController.java控制文件中添加如代码3-23所示语句：

```
@GetMapping("/all")
    public List<User> queryall(){
            return userService.queryall();
            }
```

代码3-23

2.启动starter.java服务

在浏览器中输入“localhost:8080/springboot_mybatis/all”，屏幕显示从数据库中查询到的所有数据，如图3-89所示：

3.添加操作

首先，在com/myczs/dao目录下的UserMapper.java接口文件中添加如代码3-24所示语句：

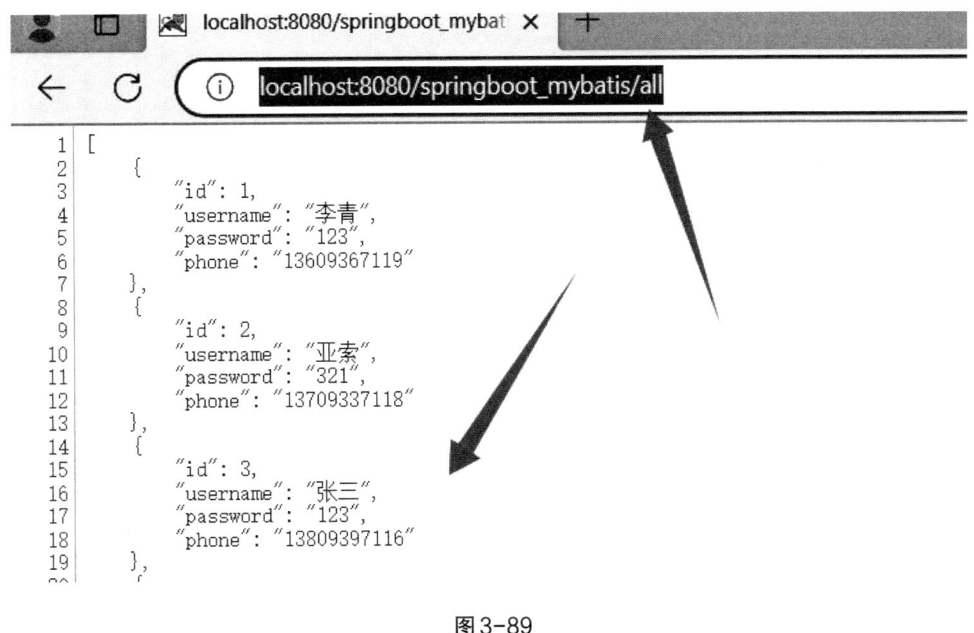

图3-89

```
//添加数据
    int save(User user);
```

代码3-24

然后，在resources/mappers目录下的UserMapper.xml文件中添加如代码3-25所示SQL语句：

```
<!--添加用户 -->
  <insert id="save" parameterType="com.myczs.po.User">
      insert into user (username,password,phone) values (#{username},#{password},
#{phone})
  </insert>
```

代码3-25

验证结果不正确将抛出异常，所以需要在com/myczs/exceptions目录下创建Params-Exception.java自定义参数异常类，如代码3-26所示：

```
package com.myczs.exceptions; //自定义参数异常
public class ParamsException extends RuntimeException{
    private Integer code = 300;
    private String msg ="参数异常！ ";
    public ParamsException(){
        super("参数异常！ ");
    }
    public ParamsException(String msg){
        super(msg);
        this.msg = msg;
    }
    public ParamsException(Integer code) {
        super("参数异常");
        this.code = code;
    }
    public ParamsException(Integer code,String msg) {
        super(msg);
        this.code = code;
        this.msg = msg;
    }
    public Integer getCode() {
        return code;
        }
    public void setCode(Integer code) {
        this.code=code;
    }
    public String getMsg() {
        return msg;
    }
    public void setMsg(String msg) {
        this.msg = msg;
    }
}
```

代码3-26

在com/myczs/utils目录下创建AsserUtil工具类，处理异常，如代码3-27所示：

```
package com.myczs.utils;
import com.myczs.exceptions.ParamsException;
public class AsserUtil {
//判断结果是否为true,是则抛出异常
    public static void isTrue(Boolean flag,String msg) {
        if(flag){
            throw new ParamsException(msg);
        }
    }
}
```

代码3-27

由于要对传递数据进行验证，在pom.xml中添加验证依赖，如代码3-28所示：

```
<!--lang3验证依赖-->
    <dependency>
        <groupId>org.apache.commons</groupId>
        <artifactId>commons-lang3</artifactId>
    </dependency>
```

代码3-28

再到com/myczs/service目录下的UserService.java文件中添加如代码3-29所示验证代码：

```
//添加用户信息
    public void saveUser(User user) {
        //验证
        AsserUtil.isTrue(StringUtils.isBlank(user.getUsername()),"用户名不能为空！");
        AsserUtil.isTrue(StringUtils.isBlank(user.getPassword()),"密码不能为空！");
        AsserUtil.isTrue(StringUtils.isBlank(user.getPhone()),"手机号不能为空！");
```

代码3-29

```
        //判断用户名是否存在
        User temp = userMapper.queryUserByUserNane(user.getUsername());
        AsserUtil.isTrue(null != temp,"该用户已存在！");
        AsserUtil.isTrue(userMapper.save(user)<1,"添加用户失败！");
    }
```

续代码3-29

为处理返回结果信息，在com/myczs/po/ov目录下创建resultinfo.java结果类，如代码3-30所示：

```
package com.myczs.po.vo;
public class ResultInfo {
    private Integer code = 200;
    private String msg = "添加成功！";
    private Object result;
    public Integer getCode() {
        return code;
    }
    public void setCode(Integer code) {
        this.code = code;
    }
    public String getMsg() {
        return msg;
    }
    public void setMsg(String msg) {
        this.msg = msg;
    }
    public Object getResult() {
        return result;
    }
    public void setResult(Object result) {
        this.result = result;
    }
}
```

代码3-30

最后，在com/myczs/Controller目录下的UserController.java类添加如代码3-31所示代码：

```
//添加用户信息
    @PutMapping("/insert")
    public ResultInfo saaveUser(User user) {
        ResultInfo resultInfo = new ResultInfo();
        try {
            userService.saveUser(user);
        }catch(ParamsException e) {
            resultInfo.setCode(e.getCode());
            resultInfo.setMsg(e.getMsg());
            e.printStackTrace();
        }catch(Exception e) {
            resultInfo.setCode(300);
            resultInfo.setMsg("添加失败！ ");
            e.printStackTrace();
        }
        return resultInfo;
    }
```

代码3-31

4.PostMan测试

在企业WEB应用中，通常要借助Postman接口测试工具对服务器端接口进行测试。首先进入https://www.postman.com/downloads/网站下载Postman，如图3-90所示：

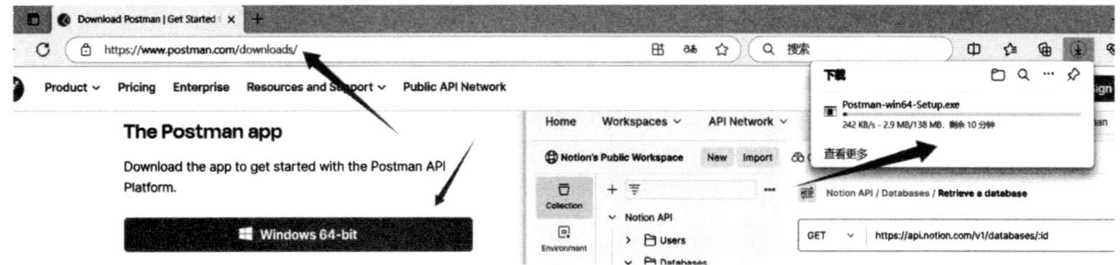

图3-90

然后将下载好的文件Postman-win64-Setup.exe拷贝到任意目录下，双击即进入测试画面，如图3-91所示。

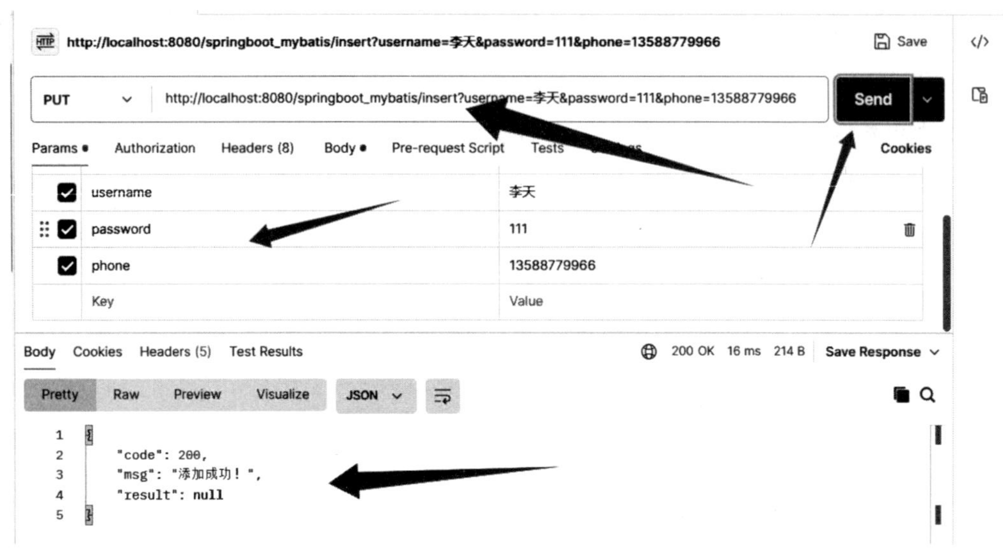

图3-91

选择请求方式“PUT”，输入地址“http://localhost:8080/springboot_mybatis/insert”，单击“parame->key-Value edit”，输入相应参数：key“username”，Value“李天”；key“password”，Value“111”；key“phone”，Value“13588779966”。单击“Send”，即显示执行结果。依据业务逻辑层代码功能，测试姓名、密码、电话、用户是否存在，如果不符合要求将显示提示信息。

5.修改操作

首先，在com/myczs/dao目录下的UserMapper.java接口文件中添加如代码3-32所示语句：

```
//修改数据
    public int update(User user);
```

代码3-32

然后，在resources/mappers目录下的UserMapper.xml文件中添加如代码3-33所示SQL语句：

```
<!-- 修改数据 -->
 <update id="update" parameterType="com.myczs.po.User">
     update user set username=#{username},password=#{password},phone=#{phone}
     where id=#{id}
 </update>
```

代码3-33

接着，在com/mycxs/service目录下的UserService.java文件中添加逻辑代码，如代码3-34所示：

```
//修改用户信息
        public void updateUser(User user) {
            //验证
            AsserUtil.isTrue(StringUtils.isBlank(user.getUsername()),"用户名不能为空！
");
            AsserUtil. isTrue(StringUtils. isBlank(user. getPassword()), "密码不能为空！
");
            AsserUtil.isTrue(StringUtils.isBlank(user.getPhone()),"手机号不能为空！");
            //判断用户名是否存在
            User temp = userMapper.queryUserByUserNane(user.getUsername());
        AsserUtil. isTrue(null != temp&&(temp. getId(). equals(user. getId())), "该用户已存
在！");
            AsserUtil.isTrue(userMapper.update(user) < 1,"修改用户失败！");
    }
```

代码3-34

最后，在com/myczs/Controller目录下的UserController.java类添加如代码3-35所示代码：

```
//修改用户
    @PostMapping("/update")
    public ResultInfo updateUser(User user) {
```

代码3-35

```
        ResultInfo resultInfo = new ResultInfo();
        try {
            userService.updateUser(user);
        }catch(ParamsException e) {
            resultInfo.setCode(e.getCode());
            resultInfo.setMsg(e.getMsg());
            e.printStackTrace();
        }catch(Exception e) {
            resultInfo.setCode(300);
            resultInfo.setMsg("修改失败！ ");
            e.printStackTrace();
        }
        return resultInfo;
    }
```

续代码3-35

测试：将请求方式改为POST，结果如图3-92所示。将id为18的记录在数据库中做了修改。

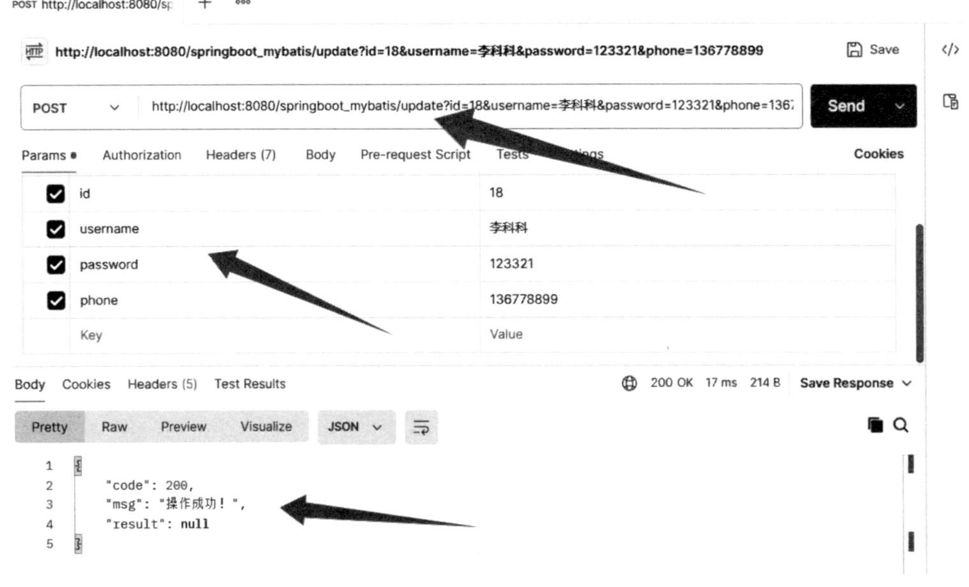

图3-92

6.删除操作

首先，在com/myczs/dao目录下的UserMapper.java接口文件中添加如代码3-36所示语句：

```
//删除数据
    public int deleteUserByid(Integer id);
```

代码3-36

然后，在resources/mappers目录下的UserMapper.xml文件中添加如代码3-37所示SQL语句：

```
<!-- 删除数据 -->
  <delete id="deleteUserByid" parameterType="int" >
    delete from user where id=#{id}
  </delete>
```

代码3-37

接着，在com/myczs/service目录下的UserService.java文件中添加如代码3-38所示逻辑代码：

```
//删除用户
        public void deleteUser(Integer id){
              AsserUtil.isTrue(null == id,"id不能为空！");
              AsserUtil.isTrue(userMapper.deleteUserByid(id) < 1,"删除用户失败！");
        }
```

代码3-38

最后，在com/myczs/Controller目录下的UserController.java类添加如代码3-39所示代码：

```
//删除用户
    @DeleteMapping("/delete/{id}")
    public ResultInfo deleteUser(@PathVariable Integer id){
        ResultInfo resultInfo = new ResultInfo();
        try {
```

代码3-39

```
            userService.deleteUser(id);
        }catch(ParamsException e) {
            resultInfo.setCode(e.getCode());
            resultInfo.setMsg(e.getMsg());
            e.printStackTrace();
        }catch(Exception e) {
            resultInfo.setCode(300);
            resultInfo.setMsg("删除失败！ ");
            e.printStackTrace();
        }
        return resultInfo;
    }
```

续代码3-39

测试：将请求方式改为DELETE，结果如图3-93所示，将id为18的记录从数据库中删除了。

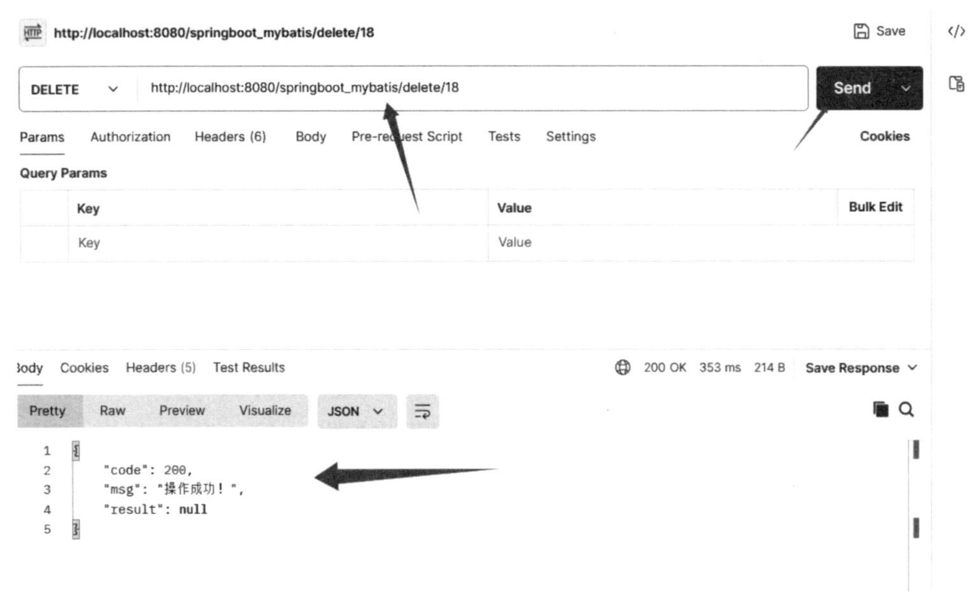

图3-93

7.分页条件查询

在pom.xml文件中添加分页依赖，如代码3-40所示：

```
<!--springboot 分页插件-->
        <dependency>
            <groupId>com.github.pagehelper</groupId>
            <artifactId>pagehelper-spring-boot-starter</artifactId>
            <version>1.2.13</version>
        </dependency>
```

代码3-40

首先，在com.myczs.query目录下创建UserQurey.java用户分页条件查询对象，如代码3-41所示：

```
package com.myczs.query;
//用户分页条件查询对象
public class UserQuery {
    //分页参数
    private Integer pageNum = 1;//当前页
    private Integer pageSize = 2;//第页显示数量
    private String userName;//查询条件:用户名

    //条件参数
    public Integer getPageNum() {
        return pageNum;
    }
    public void setPageNum(Integer pageNum) {
        this.pageNum = pageNum;
    }
    public Integer getPageSize() {
        return pageSize;
    }
```

代码3-41

```
    public void setPageSize(Integer pageSize) {
        this.pageSize = pageSize;
    }
    public String getUserName() {
        return userName;
    }
    public void setUserName(String userName) {
        this.userName = userName;
    }
}
```

续代码3-41

然后，在userMapper.java接口文件中写接口方法，如代码3-42所示：

```
//分页查询用户表
    public List<User> selectByParams(UserQuery userQuery);
```

代码3-42

接着，在UserMapper.xml映射配置文件中写查询语句，如代码3-43所示：

```
<!--条件分页查询用户列表 -->
  <select  id= "selectByParams"  parameterType= "com. myczs. query. UserQurey"  result-
Type ="com.myczs.po.User">

select * from user
 <where>
        <if test = "null != userName and userName !=''">
           and username like concat('%',#{userName},'%')
        </if>
    </where>
limit #{pageNum},#{pageSize}
 </select>
```

代码3-43

然后，在UserService.java业务逻辑层添加查询代码，如代码3-44所示：

```
//通过指定参数,分页查询用户列表
    public PageInfo<User> qureyUserByParams(UserQurey userQurey){
        PageHelper.startPage(userQurey.getPageNum(),userQurey.getPageSize());
        return new PageInfo (userMapper.selectByParams(userQurey));
    }
```

代码3-44

最后，在UserController.java控制文件中添加如代码3-45所示代码：

```
// 条件分页查询用户列表
    @GetMapping("/list")
    public PageInfo<User> qureyUserByParams(UserQurey userQurey) {
        return userService.qureyUserByParams(userQurey);
    }
```

代码3-45

测试：将请求方式改为GET，结果如图3-94所示。指定从第一条记录开始查询3条记录。如果指定姓为“张”，则把姓张的记录查询出来，即实现了模糊查询。

图3-94

五、API文档构建工具Swagger3

（一）概述

Swagger3是一个规范和完整的框架，用于生成、描述、调用和可视化RESTful风格的Web服务。它通过简单的注解来描述API的结构和功能，帮助开发者快速生成接口文档，提升团队协作效率。

（二）Swagger3常用的注解说明

1.基本信息注解

（1）@OpenAPIDefinition

描述：用于定义整个 API 文档的基本信息。

可用于：类、接口。

属性：

info：指定 @Info 注解的对象，用于描述 API 文档的基本信息。

（2）@Info

描述：用于定义 API 文档的基本信息。

可用于：类、接口。

属性：

title：API 的标题。

description：API 的描述。

version：API 的版本号。

termsOfService：服务条款的 URL。

contact：指定 @Contact 注解的对象，用于描述联系人信息。

license：指定 @License 注解的对象，用于描述许可证信息。

（3）@Contact

描述：用于定义 API 文档中的联系人信息。

可用于：类、接口。

属性：

name：联系人的名称。

url：联系人的网址。

email：联系人的电子邮件地址。

（4）@License

描述：用于定义 API 文档中的许可证信息。

可用于：类、接口。

属性：

name：许可证的名称。

url：许可证的网址。

2. 分组注解

@Tag

描述：用于给 API 分组，用途类似于为 API 文档添加标签。

可用于：方法、类、接口。

属性：

name：分组的名称。

3. 请求方法注解

以下注解用于描述 API 的请求方法：

（1）@Operation

描述：用于描述 API 的操作。

可用于：方法。

属性：

summary：操作的摘要信息。

description：操作的详细描述。

tags：指定 @Tag 注解的对象数组，用于将操作归类到特定的分组。

parameters：指定 @Parameter 注解的对象数组，用于描述操作的输入参数。

responses：指定 @ApiResponse 注解的对象数组，用于描述操作的响应结果。

requestBody：指定 @RequestBody 注解的对象，用于描述操作的请求体。

（2）@Parameter

描述：用于描述操作的输入参数。

可用于：方法。

属性：

name：参数的名称。

in：参数的位置，可以是 path、query、header、cookie 中的一种。

description：参数的描述。

required：参数是否必需，默认为 false。

schema：指定 @Schema 注解的对象，用于描述参数的数据类型。

（3）@RequestBody

描述：用于描述操作的请求体。

可用于：方法。

属性：

required：请求体是否必需，默认为 false。

content：指定 @Content 注解的对象数组，用于描述请求体的内容。

（4）@ApiResponse

描述：用于描述操作的响应结果。

可用于：方法。

属性：

responseCode：响应的状态码。

description：响应的描述。

content：指定 @Content 注解的对象数组，用于描述响应的内容。

（5）@Content

描述：用于描述请求体或响应的内容。

可用于：方法。

属性：

mediaType：内容的媒体类型。

schema：指定 @Schema 注解的对象，用于描述内容的数据类型。

（6）@Schema

描述：用于描述数据模型的属性。

可用于：方法、类、接口。

属性：

title：数据模型的标题。

description：数据模型的描述。

type：数据模型的类型。

format：数据模型的格式。

4.路径注解

以下注解用于描述 API 的路径：

（1）@Path

描述：用于定义路径参数。

可用于：方法。

属性：

value：路径参数的名称。

（2）@PathVariable

描述：用于描述路径参数。

可用于：方法的参数。

属性：

value：路径参数的名称。

（3）@RequestParam

描述：用于描述查询参数。

可用于：方法的参数。

属性：

value：查询参数的名称。

required：查询参数是否必需，默认为 false。

（4）@RequestBody

描述：用于描述请求体。

可用于：方法的参数。

5.响应注解

以下注解用于描述 API 的响应结果：

（1）@ApiResponse

描述：用于描述响应结果。

可用于：方法。

属性：

responseCode：响应的状态码。

description：响应的描述。

content：指定 @Content 注解的对象数组，用于描述响应的内容。

（2）@Content

描述：用于描述响应结果的内容。

可用于：方法。

属性：

mediaType：内容的媒体类型。

schema：指定 @Schema 注解的对象，用于描述内容的数据类型。

（3）@Schema

描述：用于描述数据模型的属性。

可用于：方法、类、接口。

属性：

title：数据模型的标题。

description：数据模型的描述。

type：数据模型的类型。

format：数据模型的格式。

6.使用示例

（1）配置

在Pom.xml文件中添加swagger3的依赖，如代码3-46所示：

```
        <!--swagger3-->
        <dependency>
            <groupId>com.github.xiaoymin</groupId>
            <artifactId>knife4j-openapi3-jakarta-spring-boot-starter</artifactId>
            <version>4.1.0</version>
        </dependency>
    </dependencies>
```

代码3-46

在com.myczs.config目录下创建Swaggerlhl.java类配置文件，如代码3-47所示：

```
package com.myczs.config;
import+ org.springframework.context.annotation.Bean;

@Configuration
public class Swaggerlhl {
    @Bean
    public OpenAPI springShopOpenAPI() {
        return new OpenAPI()
                .info(new Info().title("我的成长树").contact(new Contact()).description
("我的API文档").version("v1")
                .license(new License().name("Apache 2.0").url("http://springdoc.org")))
                .externalDocs(
newExternalDocumentation().description("外部文档").url("https://springshop.wiki.github.
org/docs"));
    }
}
```

代码3-47

在 com.myczs.controller 目录下的 UserController.java 文件中添加注释，如代码 3-48 所示：

```
package com.myczs.controller;
@Tag(name="用户管理",description="用于管理用户信息")

@RestController
public class UserController {
    @Resource
    private UserService userService;

//  @GetMapping用于处理HTTP GET请求
    @GetMapping("/user/{userName}")
    @Operation(summary="按姓名查询用户信息",description="添加按姓名查询用户信
息")
    public User queryUserByUserNane(@PathVariable String userName) {
        return userService.queryUserByUserNane(userName);
    }
    @GetMapping("/all")

    @Operation(summary="查询用户全部信息",description="查询用户全部信息")
    @ApiResponse(responseCode = "200", description = "成功获取用户信息")
    @ApiResponse(responseCode = "404", description = "未找到对应用户")
```

代码3-48

（2）Swagger3接口文档访问

启动工程，在浏览器输入“http://localhost:8080/springboot_mybatis/swagger-ui/index.html”将出现如图3-95所示画面：

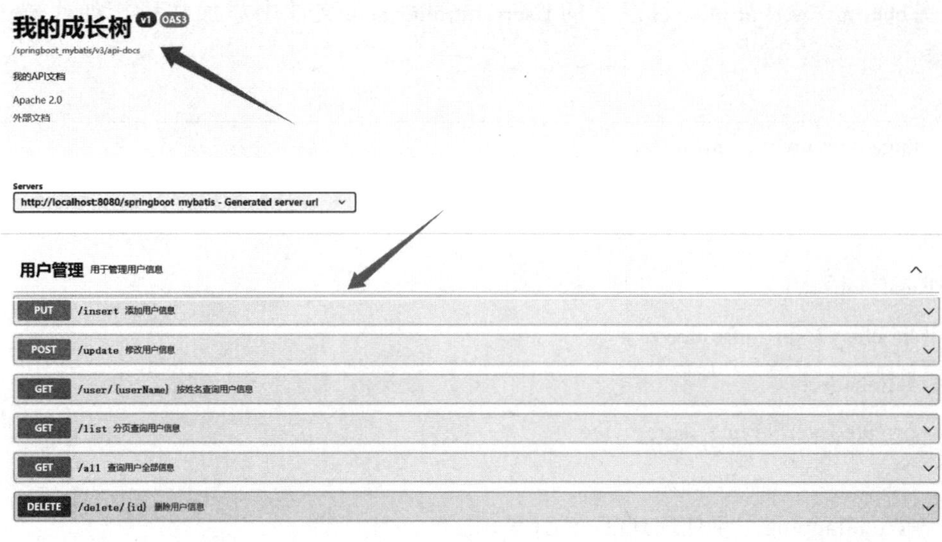

图3-95

当单击相应功能右边的向下箭头，再单击“Try it out”时，可进入相应功能的测试，如图3-96所示。单击“Execute”，将显示执行结果。

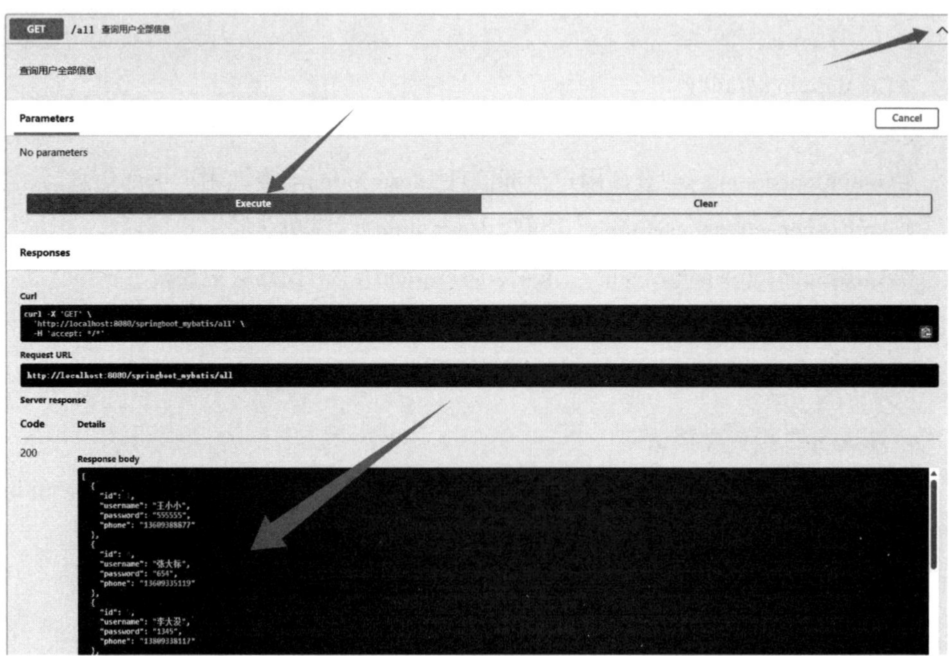

图3-96

第八节　Axios

一、概述

Axios是一个基于Promise（异步编程解决方案）的JavaScript HTTP客户端库，主要用于浏览器和Node.js环境中进行网络请求。它提供了一套统一的API，使得在前端和后端进行HTTP通信变得更加简单和直观。

（一）Axios的主要功能

（1）发送HTTP请求：支持GET、POST、PUT、DELETE等多种HTTP请求方法。

（2）Promise支持：Axios使用Promise API，使得异步请求更加方便和直观。

（3）请求和响应拦截：可以在请求发送前或响应返回后对请求和响应进行处理。

（4）数据转换：自动转换JSON数据，支持自定义转换函数。

（5）取消请求：可以取消正在进行的请求。

（6）防御XSRF：在客户端支持防御跨站点请求伪造（XSRF）攻击。

（7）Axios的使用场景：Axios广泛应用于各种前端框架和环境中，如React、Vue.js和Angular等。它提供了一个简单而直观的API，使得在前端应用程序中进行HTTP通信变得更加容易。Axios可以与现代前端框架配合使用，简化与服务器进行HTTP通信的过程。

（二）安装和使用

在Node.js环境中，可以通过npm安装Axios。在终端执行以下命令：

npm install axios

在前端项目中，可以通过import引入Axios并使用，将以下语句放到<script>标签内的第一行：

import axios from 'axios';

二、GET请求

axios({

请求方式：

method: 'GET',

请求路径：

url:'http://localhost:8080/springboot_mybatis/all',

处理响应数据：

.then(response => {

console.log(response.data);

this.data1 = response.data;

在浏览器页面上渲染数据，如图3-97所示：

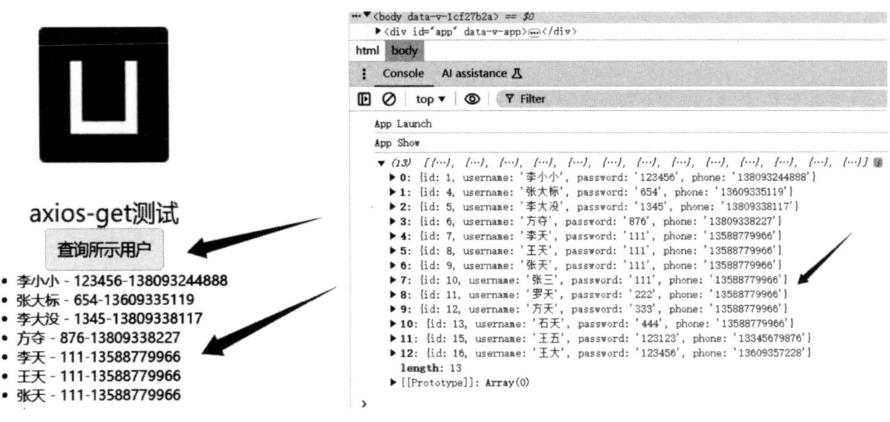

图3-97

完整代码如代码3-49所示：

```
template>
    <view class="content">
        <image class="logo" src="/static/logo.png"></image>
        <view class="text-area">
            <text class="title">{{title}}</text>
        </view>
        <view>
            <!-- 单击按钮触发query函数,请求数据。 -->
            <button v-on:click="query">查询所示用户</button>
        </view>
        <view>
            <ul>
            <!-- 遍历数据库返回的数据 -->
             <li v-for="item in data1" :key="item.id">
            <!-- 渲染到页面上 -->
```

代码3-49

```
                    {{ item.username }} - {{ item.password }}-{{ item.phone}}
                </li>
              </ul>
            </view>
    </view>
</template>
<script>

import axios from 'axios';
    export default {
            data() {
                    return {
                            title: 'axios-get测试',
                            data1: []
                    }
            },
            methods: {
                    query(){
axios({
                                        method: 'GET',
                                        url:'http://localhost:8080/springboot_mybatis/all'})
                                        .then(response=>{
                //处理返回数据
                                        console.log(response.data);
                                        this.data1 = response.data;
                                        })
.catch(error => {
                                // 处理错误情况
                                console.error(error);
                              });
}
},
}
```

续代码3-49

```
</script>
<style>
    .content {
        display: flex;
        flex-direction: column;
        align-items: center;
        justify-content: center;
    }
    .logo {
        height: 200rpx;
        width: 200rpx;
        margin-top: 200rpx;
        margin-left: auto;
        margin-right: auto;
        margin-bottom: 50rpx;
    }
    .text-area {
        display: flex;
        justify-content: center;
    }
    .title {
        font-size: 36rpx;
        color: #8f8f94;
    }
</style>
```

续代码3-49

三、Post请求

axios({

请求方式:

method: 'POST',

请求路径:

url:'http://localhost:8080/springboot_mybatis/update',

请求参数：

```
data:{
  id:this.form.id,
  username: this.form.username,
  password: this.form.password,
  phone: this.form.phone
}
```

处理返回信息：

```
}).then(resp=> this.Message=resp.data.msg);
```

执行结果如图3-98所示：

ajax_post测试

添加用户

1

李大大

123456

13609387733

添加

操作结果： 操作成功!

图3-98

完整代码如代码3-50所示：

```
<template>
    <view class="content">
        <image class="logo" src="/static/logo.png"></image>
        <view class="text-area">
            <text class="title">{{title}}</text>
        </view>
        <h2>添加用户</h2>
        <input  type="text" placeholder="请输入ID" v-model="form.id">
        <input  type="text" placeholder="请输入姓名" v-model="form.username">
        <input  type="text" placeholder="请输入密码" v-model="form.password">
        <input  type="text" placeholder="请输入电话" v-model="form.phone">
        <button type="primary" @click="onSubmit" >添加</button>
    </view>
    <h2>操作结果 :{{Message}}</h2>
</template>
//如果后台接收不了参数,在后台接口处加注解:@RequestBody
<script>
import axios from 'axios';
    export default {
        data() {
            return {
                Message: [],
                title: 'ajax_post测试',
                // 定义变量
                form: {
                        id: null,
 username: null,
 password: null,
 phone: null
                    },
            }
```

代码 3-50

```
            },
            methods: {
                onSubmit(){
                    axios({
                        method: 'POST',
                        url:'http://localhost:8080/springboot_mybatis/update',
                        data:{
                         id:this.form.id,
                         username: this.form.username,
                         password: this.form.password,
phone: this.form.phone
                    }
                    }).then(resp=>this.Message=resp.data.msg
                    );
                }
        },
}
</script>
<style>
    .content {
        display: flex;
        flex-direction: column;
        align-items: center;
        justify-content: center;
    }
    .logo {
        height: 200rpx;
        width: 200rpx;
        margin-top: 200rpx;
        margin-left: auto;
        margin-right: auto;
```

续代码3-50

```
        margin-bottom: 50rpx;
    }
    .text-area {
        display: flex;
        justify-content: center;
    }
    .title {
        font-size: 36rpx;
        color: #8f8f94;
    }
</style>
```

续代码3-50

第九节　若依自动编程系统导入

一、下载导入

进入若依官网（www.ruoyi.vip），如图3-99所示：

图3-99

单击“立即登录”，用微信号登录后下载系统源代码，如图3-100所示：

图3-100

将下载后的文件RuoYi-Vue-master.zip解压，拷入相应工作目录。本书示例为rouyi2024。用Eclipse或其他编辑软件导入项目。File->Import->Existing Maven Project，如图3-101所示：

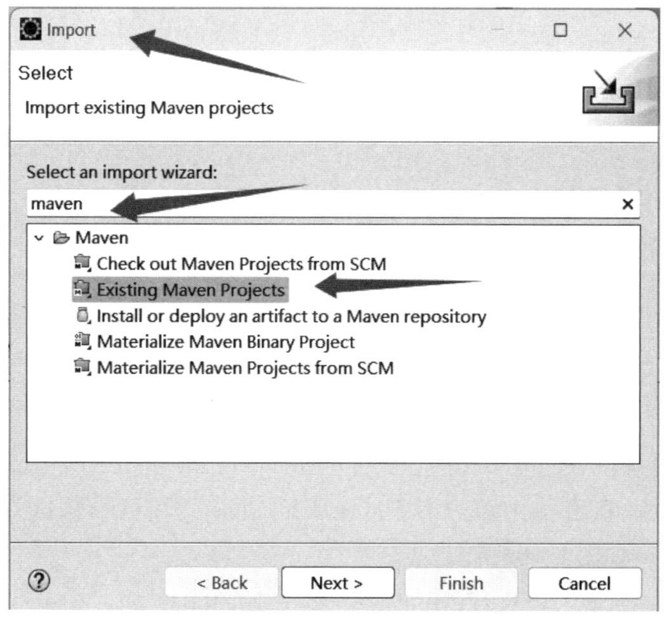

图3-101

单击“Next”按钮时，出现如图3-102所示画面。单击“Browse”按钮，选择D:\rouyi2024目录，将看到如下要导入的项目，单击“Finish”按钮，即导入若依系统。

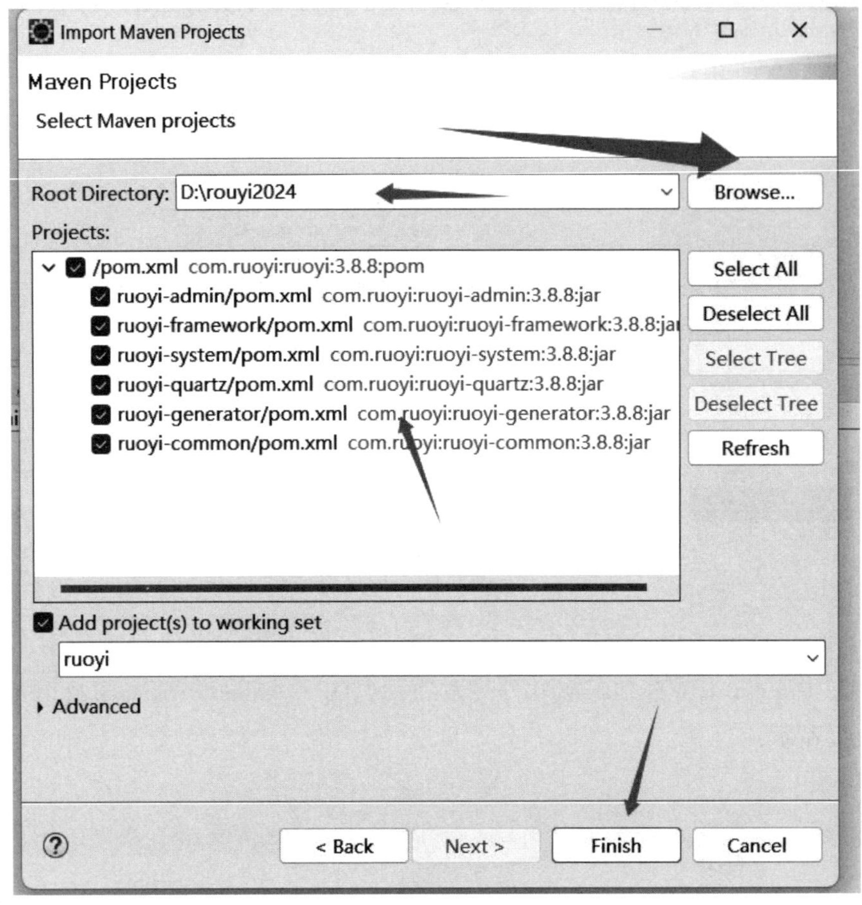

图3-102

二、配置数据库

修改数据库连接参数，在ruoyi/src/main/resource目录下打开application-druid.yml文件，将password值改为自己设定的数据库密码，本书示例密码为“123456”，如图3-103所示。

打开/ruoyi-admin/src/main/resources/application.yml文件，将host改为安装redis数据库服务器所在ip，本书示例ip为127.0.0.1或localhost，端口号默认为“6379”，密码（password）为空，如图3-104所示。

创建数据库ry-vue，再执行SQL目录下的ry_20240629.sql、quartz.sql两个文件，如图3-105所示。

```yaml
# 数据源配置
spring:
    datasource:
        type: com.alibaba.druid.pool.DruidDataSource
        driverClassName: com.mysql.cj.jdbc.Driver
        druid:
            # 主库数据源
            master:
                url: jdbc:mysql://localhost:3306/ry-vue?useUnicode=true&characterEncodir
                username: root
                password: 123456
            # 从库数据源
            slave:
                # 从数据源开关/默认关闭
                enabled: false
                url:
                username:
                password:
            # 初始连接数
            initialSize: 5
            # 最小连接池数量
            minIdle: 10
            # 最大连接池数量
```

图 3-103

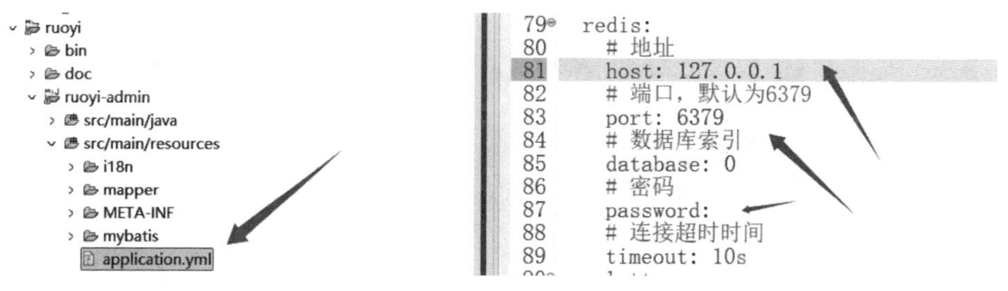

图 3-104

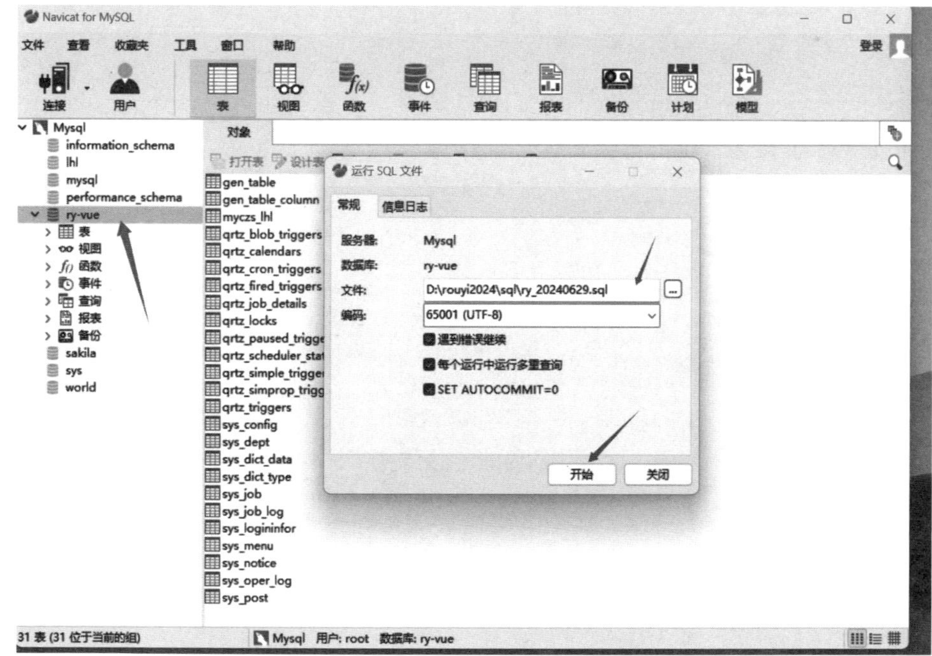

图 3-105

三、启动系统

（一）启动redis数据库

单击Windows+R键，执行cmd命令，进入dos命令窗口；再进入redis数据库安装目录，本书示例目录为D:\redis；执行redis-server命令，出现如图3-106所示画面，表示redis数据库启动成功。

```
[019624] 01 Nov 09:59:53.031 # Warning: no config file specified, using the default config. In order to specify a config
 file use redis-server redis.conf
[019624] 01 Nov 09:59:53.033 * monotonic clock: X64 clock_gettime

                Redis Community Edition
                7.4.0 (29/07/2024) 64 bit
                Running in standalone mode
                Port: 6379
                PID: 19624

[019624] 01 Nov 09:59:53.038 * Server initialized
[019624] 01 Nov 09:59:53.049 * Loading RDB produced by version 7.4.0
[019624] 01 Nov 09:59:53.050 * RDB age 84633 seconds
[019624] 01 Nov 09:59:53.050 * RDB memory usage when created 0.00 Mb
[019624] 01 Nov 09:59:53.051 * RDB file was saved with checksum disabled: no check performed.
[019624] 01 Nov 09:59:53.051 * Done loading RDB, keys loaded: 16, keys expired: 0.
[019624] 01 Nov 09:59:53.051 * DB loaded from disk: 0.013 seconds
[019624] 01 Nov 09:59:53.051 * Ready to accept connections tcp
```

图3-106

（二）启动ruoyi后台系统

在rouyi-admin/src/mian/java/com/rouyi目录下，右键单击RouYiApplication.java文件，选择Run As->Java Application，出现如图3-107所示画面，表示若依后台启动成功。

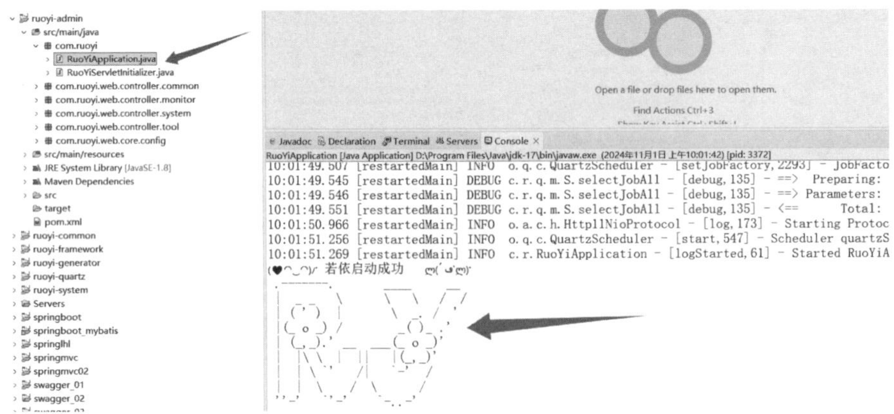

图3-107

用Visual Studio Code或其他编辑软件打开ruoyi-ui子目录，如图3-108所示。在终端执行“npm config set registry https://registry.npm.taobao.org”切换淘宝地址，执行npm install安装依赖。

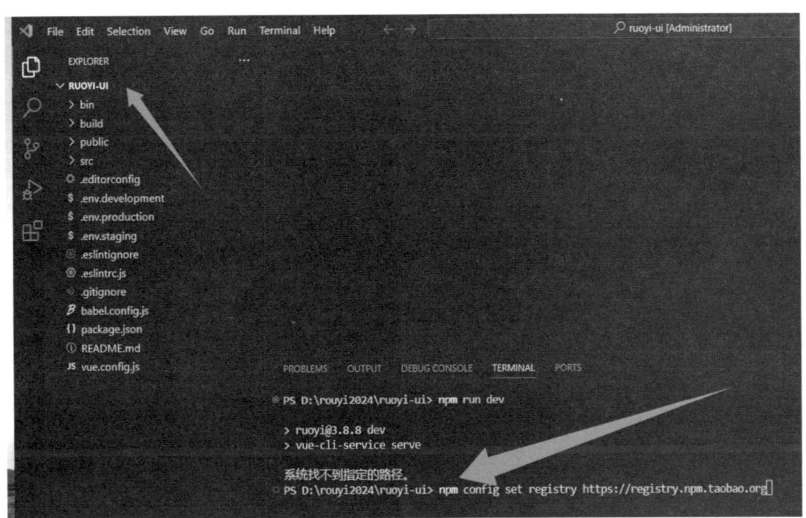

图3-108

执行npm run dev启动若依前端，出现如图3-109所示画面，表示若依系统导入完成。

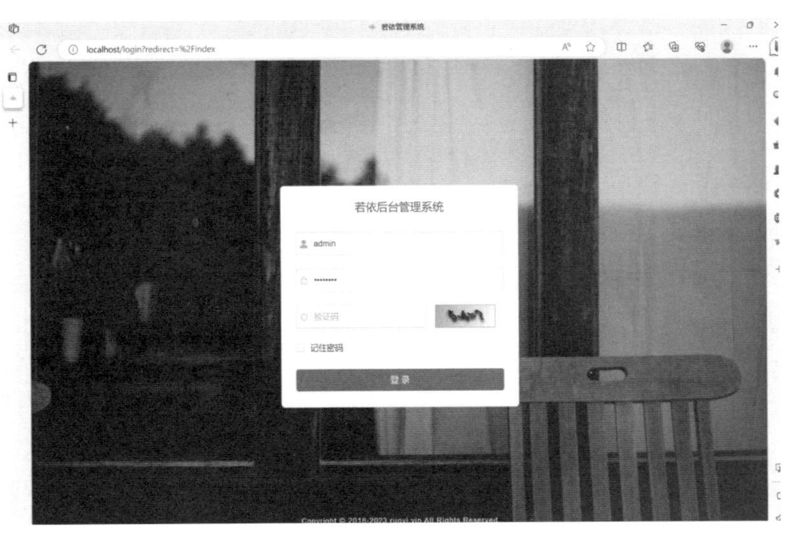

图3-109

至此，我们搭建好了一个自动生成代码的若依框架平台，它可以自动生成管理类程序。同时，可以在该平台上开发微信小程序。

第四章　微信小程序开发

以微信小程序《我的成长树》为例，介绍在若依移动端框架下如何开发微信小程序。

《我的成长树》的创意：一个人从生到死是一个漫长而又短暂的过程，各阶段都有不同经历。为了更好地记录人生中的每个精彩瞬间，作者萌生了开发一款记录小程序的想法。经过多次试验操作，最终定稿为轮播显示图像，提示年份，展示大事记叙。图片时间可细到按时或按天，也可大到按年或几年，分别记录当时发生在自己身上的事件。操作简单，内容直观，只需上传相应照片，填写时间，记录事件即可。

第一节　下载安装若依移动端框架

进入若依官网（www.ruoyi.vip），如图4-1所示。

单击“立即登录”，用微信号登录后下载系统源代码，如图4-2所示。

将下载好的文件RuoYi-App-master.zip解压，拷入相应工作目录，本书示例目录为myczs。用HBuilder X编辑软件导入项目（也可以用其他编辑软件），单击“文件->导入->从本地目录导入->选择文件夹”即可，如图4-3所示。

https://www.ruoyi.vip
若依
首页
在线文档
在线演示
源码地址
视频教程
RuoYi 源码下载
RuoYi-Vue 前端分离版
RuoYi-Cloud 微服务版
RuoYi-App 移动端版
立即下载

图 4-1

gitee
开源软件
企业版
高校版
私有云
博客
开源项目 > WEB应用开发 > 后台管理框架
若依 / RuoYi-Vue
代码
Issues
Pull Requests
Wiki
统计
流水线
服务
加入 Gitee
与超过 1000 万 开发者一起发现、参与优秀开源项目，私有仓库也完全免费：)
免费加入
已有帐号？ 立即登录
master
分支 1
标签 21
文件
Web IDE
克隆/下载
简介
若依 添加新群号：174951577 079ac84 9天前
.github
update donate
update bin
HTTPS
SSH
SVN
SVN+SSH
https://gitee.com/y_project/RuoYi-Vue
复制
下载ZIP

图 4-2

myczs
.hbuilderx
api
components
loading
node_modules
pages
all
common
details
index
mine
temp
uploadFile
work
index.vue
login.vue
register.vue
plugins
static
打开目录
此电脑 > d (D:) >
在 d (D:) 中搜索
组织
新建文件夹
名称
redis
ProgramData
Program Files (x86)
Program Files
Postman
mysql-connector-java-8.0.28
myczs
mybatis-3.5.16
AI自动编程
HBuilderProjec
此电脑
OS (C:)
d (D:)
LHL (E:)
文件夹：
myczs
选择文件夹
取消

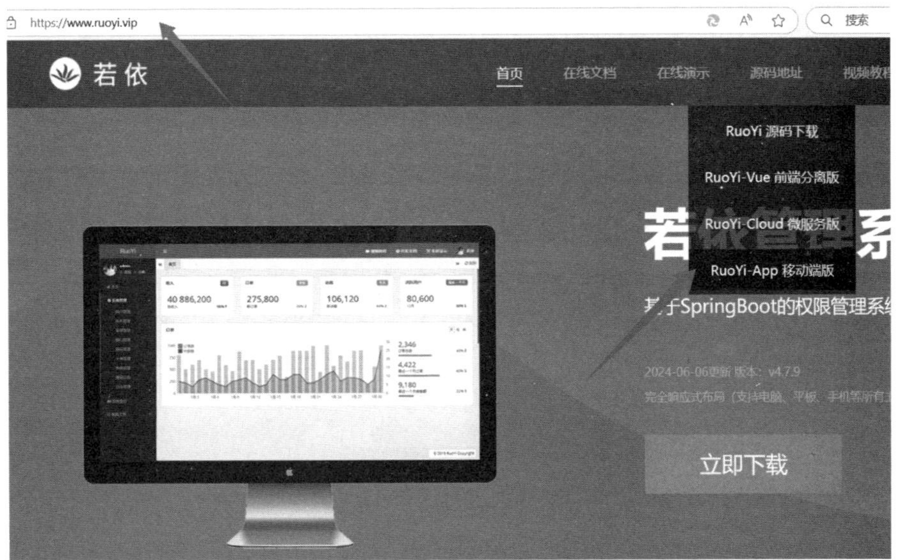

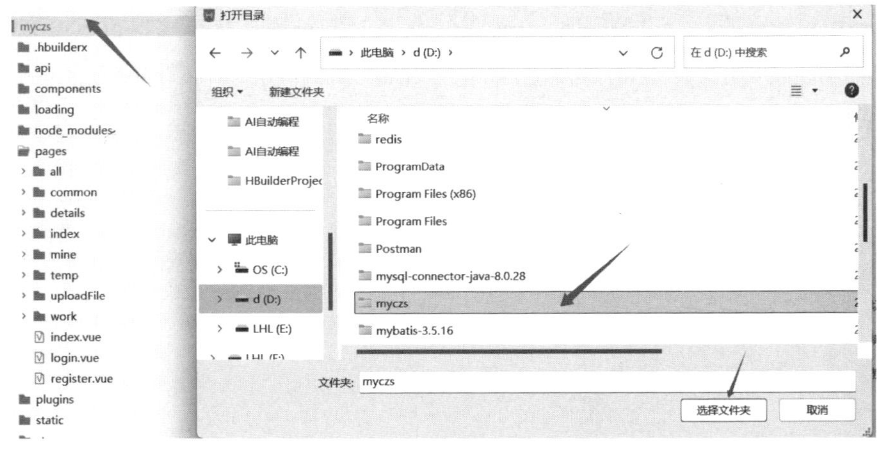

图 4-3

先启动后台系统，然后单击“运行-> 运行到浏览器->Chrome”，开始编译并运行，出现如图4-4所示画面，表示若依移动端框架已安装成功，可以在此平台上开发小程序了。

图4-4

第二节　创建《我的成长树》数据库

如第一章所述，先创建《我的成长树》sys_czs表，内容为：编号“id”，操作员编号“user_id”，部门编号“dept_id”，姓名“name”，日期“dt”，图片“pic”，文本“txt”，如代码4-1所示，以myczssql.sql为名存储到D盘上。

登录MySQL数据库，手动建sys_czs表。也可单击右键，选择“执行SQL文件”，选择事先准备好的SQL文件，本书示例文件为“D:\myczssql.sql”，如图4-5所示。

单击“开始”按钮，即完成sys_czs表的创建，如图4-6所示。

```
-我的成长树表sys_czs
CREATE TABLE 'sys_czs' (
  'id' bigint(20) NOT NULL AUTO_INCREMENT COMMENT 'ID',
  'user_id' bigint(20) DEFAULT NULL COMMENT '操作员ID',
  'dept_id' bigint(20) DEFAULT NULL COMMENT '部门ID',
  'dt' date DEFAULT NULL COMMENT '日期',
  'name' varchar(50) DEFAULT NULL COMMENT '姓名',
  'pic' varchar(150) DEFAULT NULL COMMENT '图片',
  'txt' longtext COMMENT '描述',
  PRIMARY KEY ('id')
) ENGINE=InnoDB AUTO_INCREMENT=71 DEFAULT CHARSET=utf8
```

代码4-1

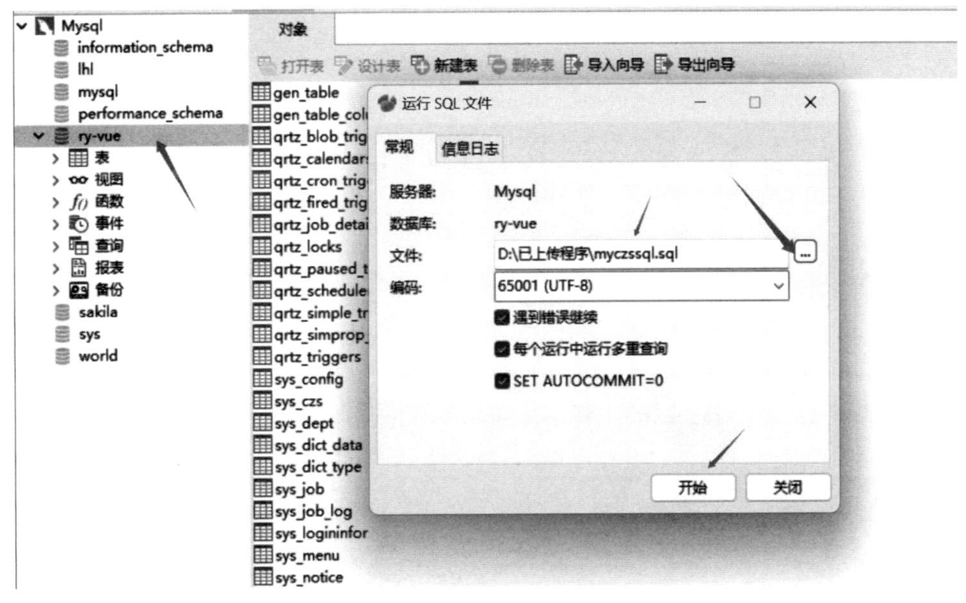

图4-5

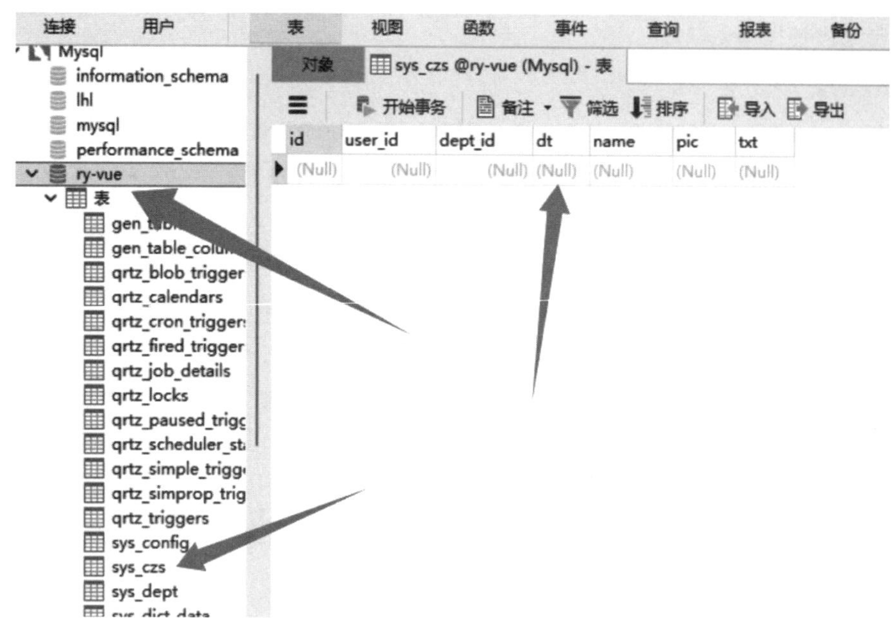

图4-6

第三节　注册用户

一、打开注册功能

（一）前台操作

进入D:\myczs\pages\login.vue中将register语句后的值改为“true”，如图4-7所示：

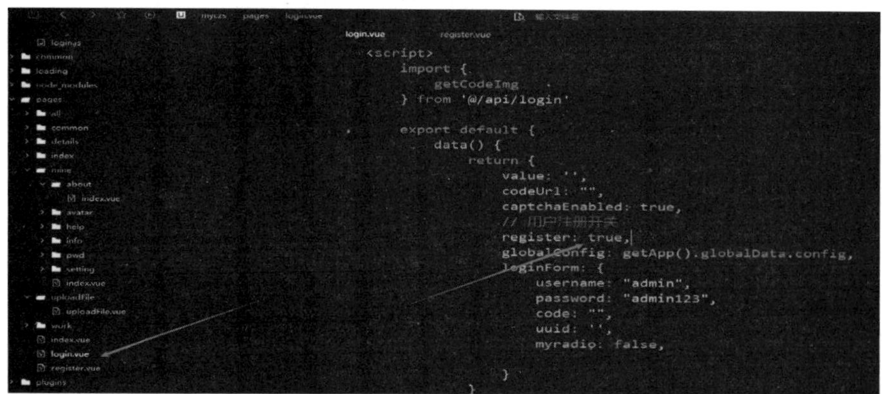

图4-7

修改config.js文件中的baseUrl变量值为“'http://localhost:8080'”。

（二）后台操作

进入D:\ruoyi\ruoyi-admin\src\main\java\com\ruoyi\web\controller\system\ SysRegisterController. java 中将 if (! ("true". equals(configService. selectConfigByKey("sys. account. registerUser")))) 判断条件改为“true”，如图4-8所示：

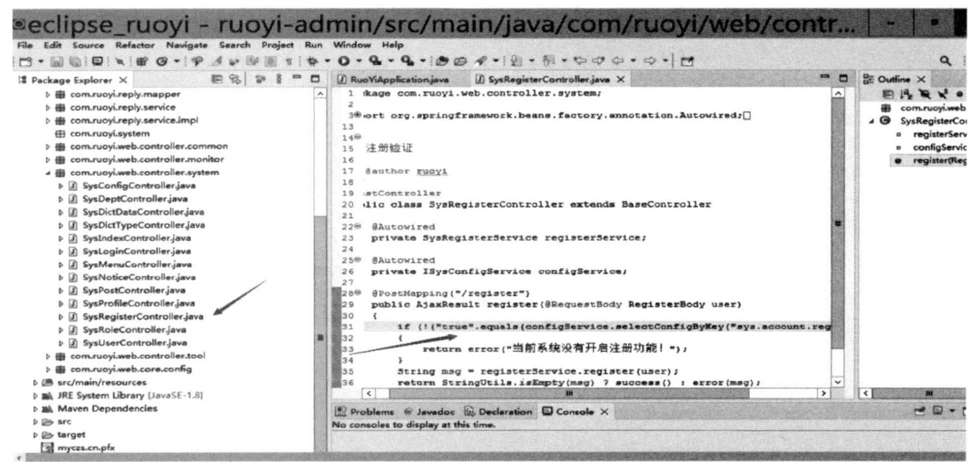

图4-8

二、增加角色并赋权

若依的新用户注册和赋权限是分开的。为了简便起见，用户注册时直接赋权限。为此，需要事先在前台建立成长树角色，并赋权限为只能看自己的数据；然后将每个新注册的用户都设置为成长树角色。

首先，进入系统，在“角色管理”中增加角色。角色名称“成长树”，权限字符“czs”，角色顺序“1”，状态“正常”，菜单权限“我的成长树”，单击“确定”按钮即建好了角色，其编号为“3”，如图4-9所示。

然后，给角色分配数据权限。在“成长树”角色行右侧单击“更多->数据权限”，出现如图4-10所示画面。在权限范围中选“仅本人数据权限”，单击“确定”按钮即完成了数据权限的分配。这样，用户每次登录后只能看到自己上传的数据。

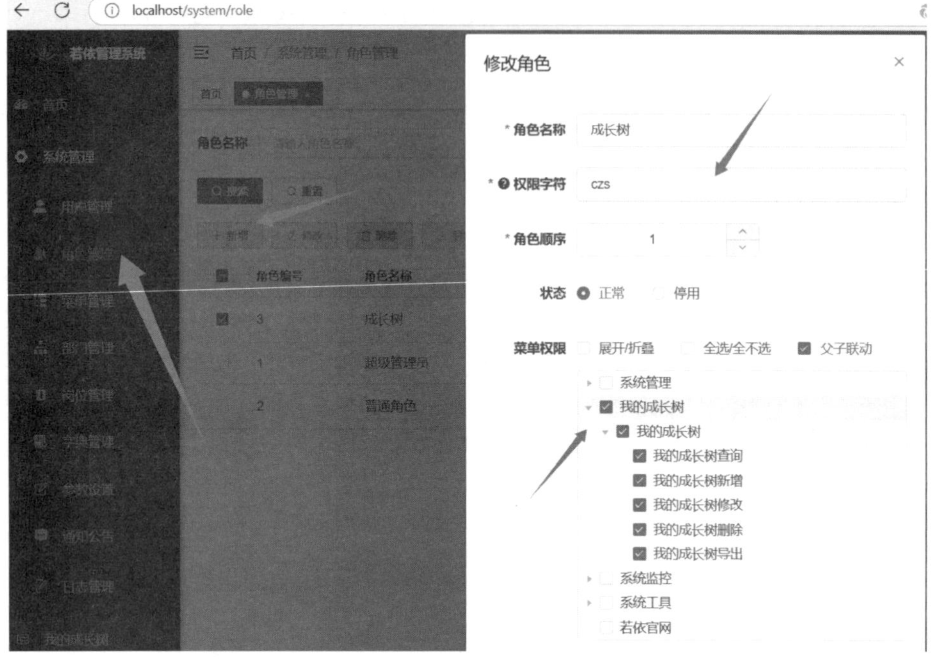

图 4-9

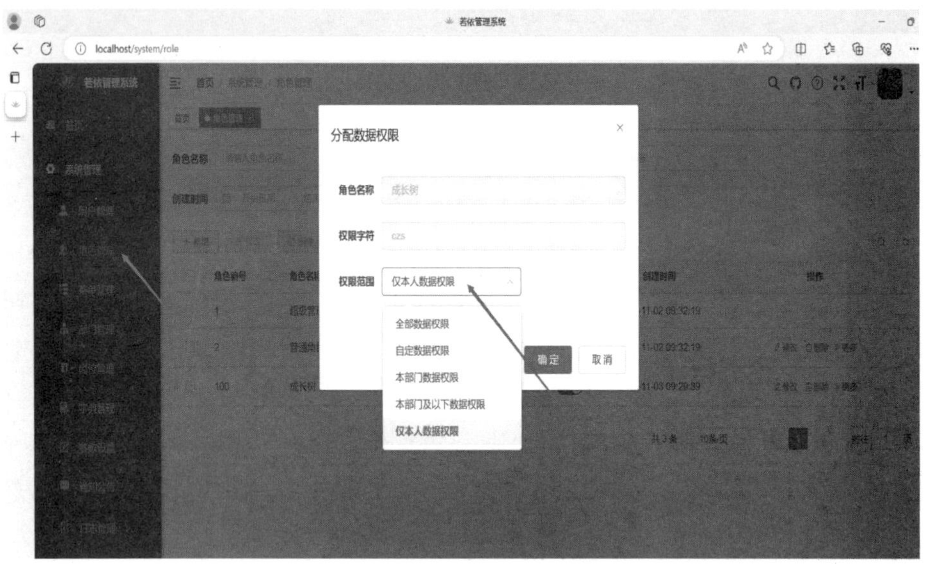

图 4-10

找到 D:\ruoyi\ruoyi-system\src\main\java\com\ruoyi\system\service\impl\SysUserServiceImpl.java 中的注册方法 registerUser，修改返回语句为“return insertUser(user) > 0”，如图 4-11 所示：

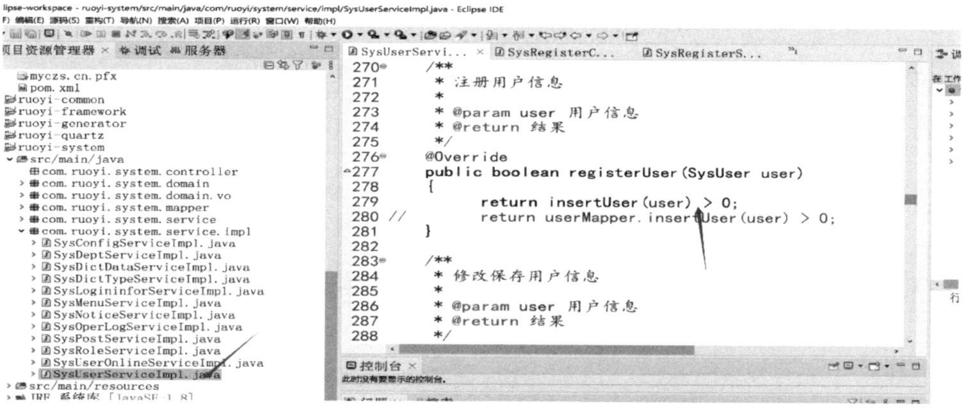

图4-11

在新增用户 insertUser(SysUser user)方法中，增加设置角色的语句“user.setRoleIds(new Long[] {3L})”，即完成对新增用户的赋权操作，如图4-12所示：

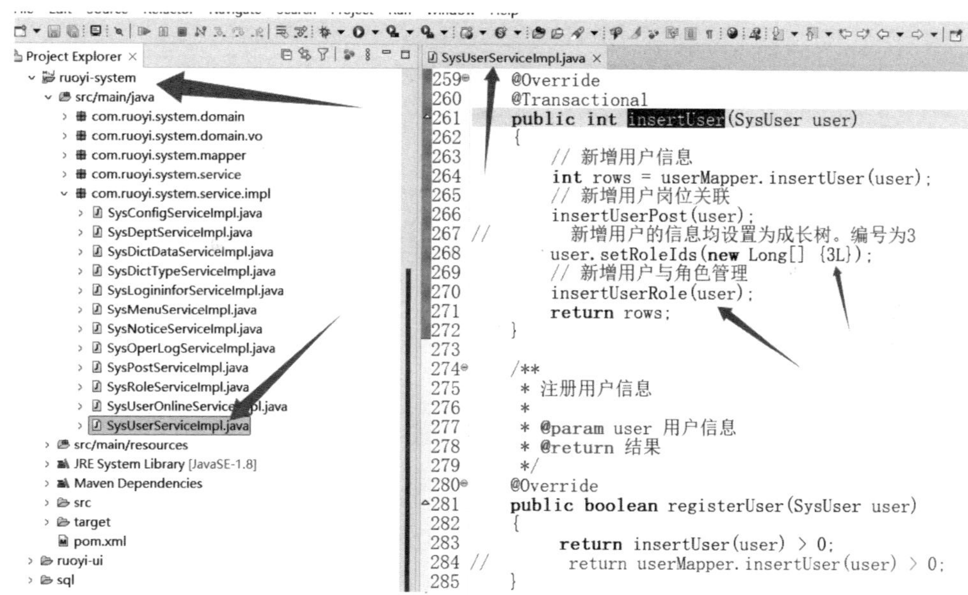

图4-12

三、权限管理

若依自动生成的代码没有权限管理的功能，需要增加以下语句，实现对操作员的权限控制。在 D:\ruoyi\ruoyi-admin\src\main\java\com\ruoyi\czs\controller\ SysCzsController.java 中增加“sysCzs. setUserId(getUserId()); sysCzs. setDeptId(getDeptId())”语句，如图4-13所示：

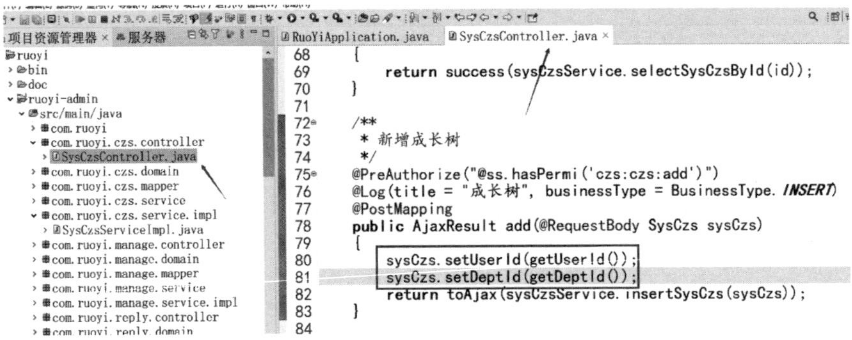

图4-13

四、增加过滤组件

在 D:\ruoyi\ruoyi-admin\src\main\resources\mapper\czs\SysCzsMapper.xml 中增加“${params.dataScope}”语句，并设sys_czs表别名为e，如图4-14所示：

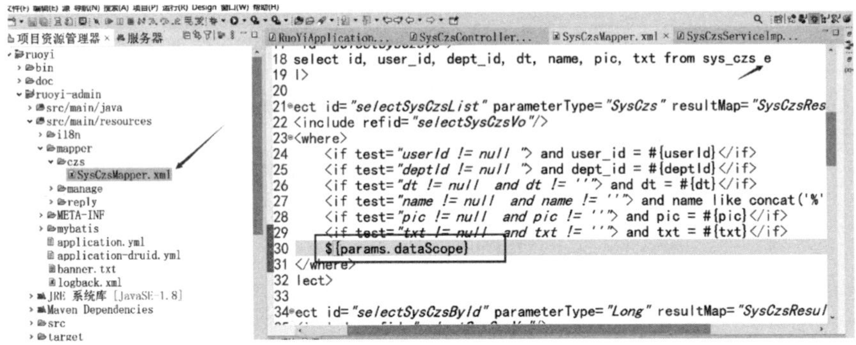

图4-14

五、增加数据权限

在 D:\ruoyi\ruoyi-admin\src\main\java\com\ruoyi\czs\service\impl\ SysCzsServiceImpl.java 中增加“@DataScope(deptAlias = "e", userAlias = "e")”语句，如图4-15所示：

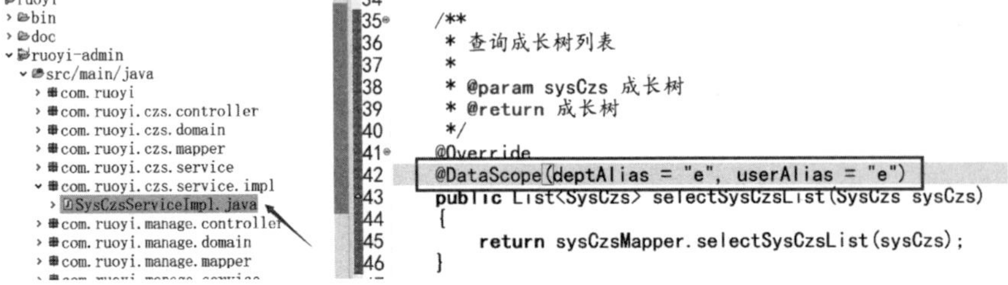

图4-15

六、用户同意选勾设置

微信小程序要求，任何收集用户信息的行为都要征得用户的同意。因此，需要设置一个用户阅读相关协议的勾选框。在D:\myczs\pages\login.vue登录界面程序中“登录”语句后添加勾选框按钮代码，将原有的注册提示代码注销，如代码4-2所示：

```
<!-- 同意开始 -->
            <view class="reg text-center" v-if="register">
            <text @click="handleUserRegister" class="text-blue">没有账号？立即注
册</text>
            </view>
            <checkbox-group  @change="handleChange">
                <label>
                    <view><checkbox />我已同意
                    <text @click="handleUserAgrement" class="text-blue">《用户协
议》</text>
                        <text @click= "handlePrivacy"  class= "text-blue" >《隐私协
议》</text>
                    </view>
                </label>
            </checkbox-group>
            <!-- 同意结束-->
<!--以下为注销代码-->
<!-- <view class="reg text-center" v-if="register">
    <text class="text-grey1">没有账号？</text>
    <text @click="handleUserRegister" class="text-blue">立即注册</text>
   </view>
   <view class="xieyi text-center">
    <text class="text-grey1">登录即代表同意</text>
    <text @click="handleUserAgrement" class="text-blue">《用户协议》</text>
    <text @click="handlePrivacy" class="text-blue">《隐私协议》</text>
   </view> -->
```

代码4-2

在“methods”节添加勾选读取和判断函数代码，将原有的注册函数handleUserRegister()注销，如代码4-3所示：

```
    // <!-- 读取同意勾选状态,已勾选this.value值为1,未勾选为0。 -->
            handleChange(e) {
                this.value = e.detail.value;
                console.log(this.value);
            }
            // 勾选判断
            handleUserRegister() {
                if (this.value.length == 0) {//未选中,提示勾选
                    uni.$u.toast('请勾选《用户协议》《隐私协议》! ')
                } else {
                    console.log('勾选成功')//已勾选进入注册界面
                    this.$tab.redirectTo('/pages/register')
                }
            },
//以下为注销代码
    // handleUserRegister() {
    // this.$tab.redirectTo('/pages/register')
    // },
```

代码4-3

在export default节定义Value：“ ”变量；本程序使用uview-ui组件，事先在终端用npm install uview-ui文件安装。在main.js文件中用“import uView from 'uview-ui'”语句导入；如果勾选框不显示勾时，删除static\scss目录下colorui.css文件中checkbox::before节中的“/* z-index: 9; */ ”语句和“/* checkbox .uni-checkbox-input::before, */”语句；将登录成功后的处理函数loginSuccess(result)中的语句改为“this.$tab.reLaunch('/pages/index/index')”，将标题title改为“成长树登录”。

在登录界面出现了“没有账号？立即注册”的按钮和“我已同意”的勾选框。当未勾选注册时，出现提示信息：“请勾选《用户协议》《隐私协议》!”。当勾选了“我已同意”，并按了“没有账号？立即注册”按钮时，屏幕出现如图4-16所示的注册界面：

图4-16

至此，注册用户、赋权限的功能全部做好了，按界面提示注册一个新用户，然后登录系统。如账号“lhl”（如有重复系统会提示），密码“123456”（六位，无简易性提示），验证码“2”（系统随机提示“8/4”类似的算式，只需计算输入结果“2”即可），单击“注册”按钮，当提示“注册成功”时，表示注册完成。

然后用已注册好的账号、密码、验证码登录，进入《我的成长树》系统，如图4-17所示：

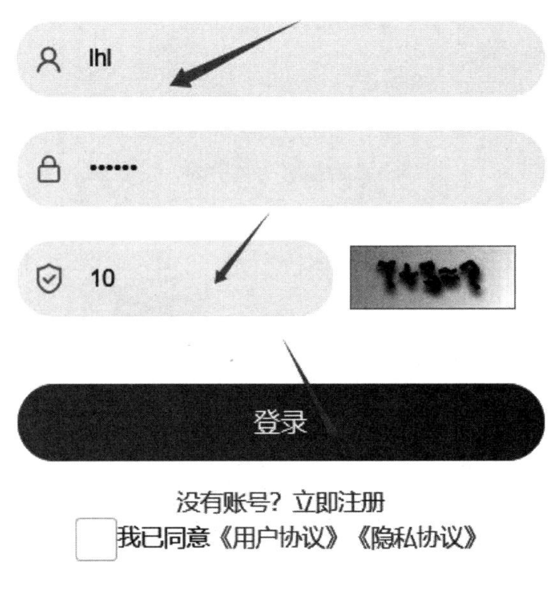

图4-17

第四节　系统布局

《我的成长树》有“首页”“全部”“上传”“我的”四个导航菜单。其中在“首页”进行照片轮播；在“全部”里面进行查询、修改、删除操作；在“上传”里上传图片；在“我的”中有修改头像、编辑资料、关于我们、退出登录四个功能，可在D:\myc-zs\pages.json文件中用代码4-4实现以上功能。pages.json是用于配置应用的页面路径、窗口样式、导航栏样式等全局设置的重要文件。

```
{
 "pages":[{
  "path": "pages/login",
  "style": {
   "navigationBarTitleText": "登录"
  } },{
  "path": "pages/register",
  "style": {
   "navigationBarTitleText": "注册"
  } }, {
     "path": "pages/index/index",
  "style": {
   "navigationBarTitleText": "首页"
  } }, {
   "path" : "pages/all/all",
   "style" : {
     "navigationBarTitleText": "全部",
     "enablePullDownRefresh": false
   } },
 {
   "path" : "pages/details/details",
   "style" : {
     "navigationBarTitleText": "修改",
     "enablePullDownRefresh": false
   } },{
   "path" : "pages/uploadFile/uploadFile",
   "style" : {
     "navigationBarTitleText": "上传",
     "enablePullDownRefresh": false
   } },
{
  "path": "pages/mine/index",
```

代码4-4

```
  "style": {
   "navigationBarTitleText": "我的"
}
},
{
  "path": "pages/mine/info/index",
  "style": {
   "navigationBarTitleText": "个人信息"
  }
 },
 {
   "path": "pages/mine/info/edit",
   "style": {
    "navigationBarTitleText": "编辑资料"
   }
  },
   {
     "path": "pages/mine/about/index",
     "style": {
      "navigationBarTitleText": "关于我们"
     }
    },
 {
  "path": "pages/mine/avatar/index",
  "style": {
   "navigationBarTitleText": "修改头像"
  } }],
 "tabBar": {
  "color": "#000000",
  "selectedColor": "#000000",
  "borderStyle": "white",
  "backgroundColor": "#ffffff",
```

续代码 4-4

```
  "list": [{
    "pagePath": "pages/index/index",
    "iconPath": "static/images/tabbar/home.png",
    "selectedIconPath": "static/images/tabbar/home_.png",
    "text": "首页"
  }, {
    "pagePath": "pages/all/all",
    "iconPath": "static/images/tabbar/work.png",
    "selectedIconPath": "static/images/tabbar/work_.png",
    "text": "全部"
  },{
        "pagePath": "pages/uploadFile/uploadFile",
        "iconPath": "static/sc.png",
        "selectedIconPath": "static/sc1.png",
        "text": "上传"
    },
    {
    "pagePath": "pages/mine/index",
    "iconPath": "static/images/tabbar/mine.png",
    "selectedIconPath": "static/images/tabbar/mine_.png",
    "text": "我的"
  }]},
 "globalStyle": {
  "navigationBarTextStyle": "black",
  "navigationBarTitleText": "RuoYi",
  "navigationBarBackgroundColor": "#FFFFFF"
 }
}
```

续代码4-4

运行效果如图4-18所示：

图 4-18

第五节　轮播图片

用户注册登录后将自动进入系统首页，并开始轮播图片。每页为10条记录，多于10条记录时，可用翻页功能上下翻页。只有一张图片时不会轮播，没有图片时，将自动跳转到上传界面等待上传图片。在轮播图片时可人工干预，手动向前或向后翻看图片。在D:\myczs\pages\index\index.vue文件中用代码4-5实现以上功能。将自动生成的前台代码\ruoyi\vue\api\czs\czs.js文件事先拷入相应api子目录下。

```
<template>
    <view class="home">
        <!--circular用来设置循环轮播  indicator-dots设置下面小圆点用来点击 -->
        <swiper circular autoplay=true interval=2000 @change="swiperChange">
            <!-- v-for循环遍历数组 -->
            <swiper-item v-for="item in pic1">
                <image :src="item"></image>
            </swiper-item>
        </swiper>
        <view class="href">
            那一年:{{dt1[id]}}
        </view>
        <view class="txt">
            <rich-text :nodes="txt1[id]"></rich-text>
        </view>
        <!-- 分页 -->
```

代码 4-5

```
                <uni-section title=" " type="line" padding>
<uni-pagination :total="queryParams.total" @change="change" title="基本样"></uni-
pagination>
                </uni-section>
            </view>
        </view>
</template>
<script>
    import {
        listCzs,getCzs,delCzs,addCzs,updateCzs
    } from "@..api/../../api/czs/czs.js";
    export default {
        data() {
            return {
                title: "",
                current: 0,
                id: 0,
                swipers: [],
              dt1: [],
                pic1: [],
                txt1: [],
                queryParams: {
                    pageNum: 1,
                    pageSize: 10,
                    total:0,
                },
            }
        },
        created() {
            this.inti();
        },
        methods: {
```

续代码 4-5

```
change(e) {
    console.log("lll" + e.current)
    this.queryParams.pageNum = e.current;
    this.current = e.current
    this.pic1=[];
    this.dt1=[];
    this.txt1=[];
    this.inti();
},
swiperChange(e) {
    this.id = e.detail.current
},
inti() {
    this.loading = true;
    listCzs(this.queryParams).then(response => {
        console.log("response" + response.rows)
        // 判断没有照片,直接转上传界面。
        if (response.rows == 0) {
            uni.reLaunch({
                url: "/pages/uploadFile/uploadFile",
            })
        };
        this.swipers = response.rows;
        this.queryParams.total = response.total;
        console.log("abc" + this.queryParams.total);

        for (var i = 0; i < this.swipers.length; i++) {
            var item = this.swipers[i]
            this.pic1.push(item.pic)
            this.dt1.push(item.dt)
            this.txt1.push(item.txt)
        };
```

续代码 4-5

```
                this.loading = false;
            });
        }
    }
}
</script>
<!-- 开启 scss -->
<style lang="scss">
    .home {
        swiper {
            width: 750rpx;
            height: 470rpx;
            image {
                width: 100%;
                height: 100%;
            }
        }
    }
    .href {
        margin-top: 1rem;
        color: red;
        font-size: 24px;
    }
    .page {
        margin-bottom: 1rem;
        color: red;
        font-size: 24px;
    }
    .txt {
        background: #FFF;
        padding: 0 28rpx;
        overflow: hidden;
```

续代码 4-5

```
            font-size: 40rpx;
            margin-bottom: 28rpx;
            margin-top: 2rem;
            color: blue;
      }
</style>
```

续代码 4-5

运行效果如图 4-19 所示：

那一年：2024-02-14

感谢您使用成长树。 从我的->退出系统。立即注册：输入账号、密码。再用注册好的账号登录，上传您的照片，看到的就是您的精彩人生。

图 4-19

第六节　全部展示

单击“全部”菜单后，进入瀑布展示界面，如图4–20所示。每页有10条记录，可单击“上一页”“下一页”按钮翻页，还可以查询、修改和删除图片。

全部

那一年：2024-12-04

描述：财务主管

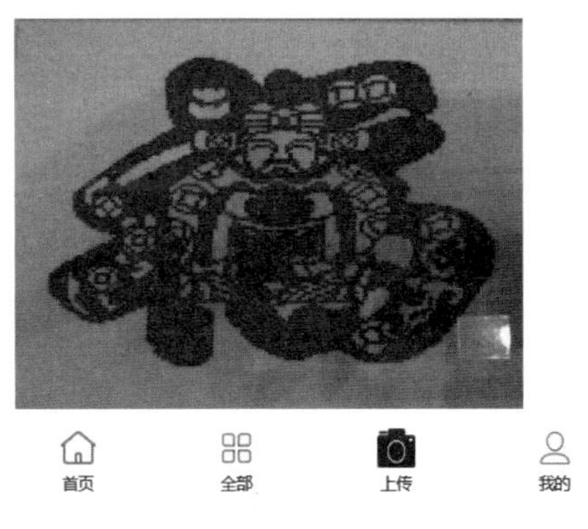

首页　全部　上传　我的

图4–20

一、查询

本系统是按日期查询信息的。当在搜索栏输入日期时，指定日期的图片将显示在屏幕上；如果没有指定日期，则按每页10条记录的方式显示全部记录。可在D:\myczs\pages\all\all.vue文件中用代码4–6实现以上功能。

```
<template>
    <view class="out">
        <!-- 搜索 -->
        <view class="content">
            <view class="search-box">
                <uni-search-bar @confirm="search" @input="querylist" v-model="in-
putText" :radius="100" :focus="true"
                    cancelButton="auto" placeholder="日期"></uni-search-bar>
            </view>
        </view>
        <!-- 分页 -->
        <uni-section title=" " type="line" padding>
            <uni-pagination :total="queryParams.total" @change="change" title="基本
样"></uni-pagination>
        </uni-section>
        <!-- 瀑布显示 -->
        <waterfall column-count="2" column-width="auto">
            <cell v-for="(item,index) in swipers" :key="index">
                <view class="nyn" @tap="toDetails(item.id)">
                    <image :src="item.pic" style="width:10rem"></image>
                </view>
                <view class="nyn">
                    <text> {{"那一年:"+item.dt}}</text>
                </view>
                <view class="nyn">
                    <text> {{"描述:"+item.txt}}</text>
                </view>
            </cell>
        </waterfall>
            <!-- 分页 -->
            <uni-section title=" " type="line" padding>
                <uni-pagination :total="queryParams.total" @change="change" title=
"基本样"></uni-pagination>
```

代码 4-6

```
            </uni-section>
    </view>
</template>
<script>
    import {listCzs,getCzs,delCzs,addCzs,updateCzs} from "@..api/../../api/czs/czs.js";
    export default {
        data() {
            return {
                title:"",
                swipers: [],
                tempswipers: [],
                inputText: "",
                queryParams: {
                    pageNum: 1,
                    pageSize: 10,
                    userName: undefined,
                    total:0,
                },
            }
        },
        created() {
            this.inti();
        },
        methods: {
            change(e) {
                this.queryParams.pageNum = e.current;
                this.inti();
            },
            // 带id详情页Czs
            toDetails(id) {
                uni.navigateTo({
                    url: "/pages/details/details?id=" + id
                })
```

续代码4-6

```
            },
            // 初始数据
            inti() {
                this.loading = true;
                listCzs(this.queryParams).then(response => {
                    this.swipers = response.rows;
                    this.tempswipers = response.rows;
                    this.queryParams.total = response.total;
                    this.loading = false;
                });
            }// 过滤
            querylist() {
            var newList = this. tempswipers. filter(item => item. dt. indexOf(this. input-
Text) > -1);
                this.swipers = newList
            }
        }
    }
</script>
<style lang="scss">
    .nyn {
        padding: 20rpx;
        margin-top: 10rpx;
        font-size: 38rpx;
        color: royalblue;
    }
    .search-box {
        background-color: #55aaff;
        position: sticky;
        z-index: 999;
    }
</style>
```

续代码 4-6

二、修改

在瀑布界面中单击要修改或删除的图片，将进入修改删除界面，如图4-21所示：

图4-21

此时可以对日期、图片、描述内容进行修改。日期采用选择的方式修改；单击图片将进入选择图片的界面，选择新图片替换原图片；描述部分可直接编辑。修改完成后单击“保存”按钮，完成修改操作。在D:\myczs\pages\details\details.vue文件中用“修改”节代码实现以上功能，如代码4-7所示。

在/ruoyi-framework/src/main/java/com/ruoyi/framework/config/SecurityConfig.java文件中的“对于登录login注册register验证码captchaImage允许匿名访问”节添加上传文件访问入口“/common/upload：requests.antMatchers("/login", "/register", "/common/upload", "/captchaImage").permitAll()”。

三、删除

单击“删除”按钮，将提示确认，确认后将本图片的所有内容删除，不可恢复。在D:\myczs\pages\details\ details.vue文件中用“删除数据节”代码实现删除功能，如代码4-7所示：

```
<template>
    <view>
        <!-- 显示 -->
        <view class="out">
            <picker mode="date" :end="endDate" @change="bindDateChange">
                <view class="row">{{"日期:"+ date}}</view>
            </picker>
            <view class="row">
            <input class="border" type="text" placeholder="请输入姓名" v-model=
"form.name">
            </view>
            <view class="imgviewclass">
            </view>
            <view class="row">
        <image class="imgclass" mode="aspectFit" :src="imgsrc" @tap="imgclick">
</image>
            </view>
            <view class="row">
                <textarea placeholder="请输入描述内容" v-model="form.txt"></tex-
tarea>
            </view>
            <!-- 按钮 -->
            <view>
                <view class="btn-group">
                <button size="mini" type="primary" @click="handleDelete">删除
</button>
                <button size="mini" type="primary" @click="onSubmit">保存</button>
```

代码4-7

```
                </view>
            </view>
        </view>
    </view>
</template>
<script>
//导入config.js文件，导入并读入baseUrl变量中的IP地址，这样当IP变化时，只在config.js中修改，其他位置都不用修改。
    import config from '@/config';
    const baseUrl = config.baseUrl;
    import {listCzs,getCzs,delCzs,addCzs,updateCzs    } from "@..api/../../api/czs/czs.js";
export default {
        data() {
            return {
                form: {
                    id: null,
                    userId: null,
                    deptId: null,
                    dt: null,
                  name: null,
                pic:null,
                txt: null
                },
                title: "",
                id: "",
                ids: [],
                swipers: "",
                imgsrc: "",
                imgsrc1:"",
                date: "",
            }
```

续代码4-7

```
        },
computed: {
            // 返回日期
            endDate() {
                return this.getDate();
            }
        },
        // 接收参数,调查询数据函数
        onLoad(options) {
            this.id = options.id
            this.init()
        },
methods: {
            // 日期
            getDate() {
                const date = new Date();
                let year = date.getFullYear();
                let month = date.getMonth() + 1;
                let day = date.getDate();
                month = month > 9 ? month : '0' + month;
                day = day > 9 ? day : '0' + day;
                return `${year}-${month}-${day}`;
            },
            // 日期修改
            bindDateChange: function(e) {
                this.date = e.detail.value;
            },
// 修改
            onSubmit() {
                //如果没有修改图片,不需要上传图片,直接修改。小程序需要判断。
                if (this.imgsrc == this.imgsrc1) {
                    this.form.pic = this.imgsrc; //获取返回地址
```

续代码 4-7

```
            this.form.dt = this.date
            this.form.id = this.id
            updateCzs(this.form).then(response => {
            that.$modal.msgSuccess("修改成功");
                that.open = false;
                uni.reLaunch({
                    url:"/pages/index/index"
                })
            });
        }
        // 图片上传
        var that = this;
        uni.uploadFile({
            url: baseUrl+"/common/upload",
            filePath: that.imgsrc,
            name: 'file',
            formData: {
                'user': 'test'
            },
            success: (uploadFileRes) => {
                //返回上传成功的信息
                this.fileList1 = uploadFileRes.data;
                let listData = JSON.parse(this.fileList1);
                this.form.pic = listData.url; //获取返回地址
            this.form.dt = this.date
this.form.id = this.id
console.log("上传成功了123,pic:" + this.form.pic, this.form.dt, this.form.id, this.form
                    .name, this.form.txt);
                updateCzs(this.form).then(response => {
                    that.$modal.msgSuccess("修改成功");
                    that.open = false;
                    uni.reLaunch({
                        url:"/pages/index/index"
```

续代码 4-7

```
                    })
                });
            }
        });
    },// 查询数据
    init() {
        const id = this.id || this.ids
        getCzs(id).then(response => {
            this.swipers = response.data;
            this.imgsrc = this.swipers.pic;
            this.imgsrc1 = this.imgsrc;
            this.date = this.swipers.dt;
            this.form.name = this.swipers.name;
            this.form.txt = this.swipers.txt;
            this.open = true
        });
    },
// 删除数据
    handleDelete(row) {
        const ids = this.id || this.ids;
this.$modal.confirm('是否确认删除成长树编号为"' + ids + '"的数据项?').then(function
() {
            return delCzs(ids);
        }).then(() => {
            uni.reLaunch({
                url: "/pages/index/index"
            })
            this.inti();
            this.$modal.msgSuccess("删除成功");
        }).catch(() => {});
    },
// 选择图片
```

续代码 4-7

```
            imgclick() {
                var that = this;
                uni.chooseImage({
                    count: 1, //默认9
                    sizeType: ['compressed'], //可以指定是原图还是压缩图,默认二
者都有
                    sourceType: ['album'], //从相册选择
                    success: function(res) {
                        that.imgsrc = res.tempFilePaths[0];
                    }
                })
            },
        },
    }
</script>
<style lang="scss">
    .row {
        background: #FFF;
        padding: 0 18rpx;
        overflow: hidden;
        font-size: 40rpx;
        margin-bottom: 18rpx;
        margin-top: 1rem;
        color: blue;
    }
but {
        margin-left: 6rem;
        padding: 0 18rpx;
    }
    .btn-group {
        display: flex;
        justify-content: center;
```

续代码 4-7

```
    }
    button {
        margin: 0 10px;
        padding: 0 18rpx;
    }
</style>
```

续代码 4-7

第七节　图片上传

单击“上传”按钮，出现如图4-22所示的上传界面。日期为自动填入的当前日期，可单击当前日期选择其他日期；姓名直接输入；单击“点击添加”框可从相册中选择要上传的照片；输入描述内容；最后单击“保存”按钮即可完成照片上传，每次只能上传一张图片。

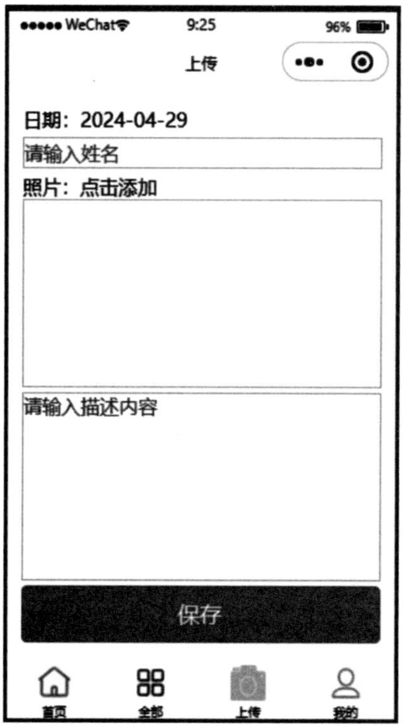

●●●●● WeChat　9:25　96%
上传
日期：2024-04-29
请输入姓名
照片：点击添加
请输入描述内容
保存
首页　全部　上传　我的

图 4-22

在 D:\myczs\pages\uploadFile\uploadFile.vue 文件中用代码 4-8 实现上传功能。在 /ruoyi-framework/src/main/java/com/ruoyi/framework/config/SecurityConfig.java 文件中添加上传文件访问入口“/common/upload”。

```
<template>
    <view>
        <view class="out">
            <picker mode="date" :end="endDate" @change="bindDateChange">
                <view class="row">{{"日期:"+date}}</view>
            </picker>
            <view class="row">
        <input class="border" type="text" placeholder="请输入姓名" v-model="mes-
sage.name">
            </view>
                <view class="imgviewclass">
                //照片:点击添加
                </view>
                <view class="text">
        <image class="imgclass" mode="aspectFit" :src="imgsrc" @tap="imgclick"></
image>
                </view>
                <view  class="text">
                <textarea placeholder="请输入描述内容" v-model="message.txt"></
textarea>
                </view>
                <view class="row">
                <button type="primary" @click="onSubmit">保存</button>
                </view>
        </view>
    </view>
</template>
<script>
```

代码 4-8

```
//导入 config.js 文件，并读入 baseUrl 变量中的 IP 地址，当 IP 变化时，只在 config.js 中修改，其他位置都不用修改。
import config from '@/config';
const baseUrl = config.baseUrl;
import {
    listCzs,getCzs,delCzs,addCzs,updateCzs
} from "@..api/../../api/czs/czs.js";
export default {
    data() {
        return {
            date: this.getDate(),
            imgsrc: "../../static/paizhaopian.png",
            fileList1: "",
            pic: "",
            pic1:"",
            message:{
            innerbh: "",
            name: "",
            txt: "",
        },
           form:{
            dt: null,
            name: null,
pic: null,
            txt: null
           },
      }
    },
    computed:{
        endDate(){
            return this.getDate();
```

续代码 4-8

```
            }
        },
        methods: {
            getDate() {
                const date = new Date();
                let year = date.getFullYear();
                let month = date.getMonth() + 1;
                let day = date.getDate();
                month = month > 9 ? month : '0' + month;
                day = day > 9 ? day : '0' + day;
                return '${year}-${month}-${day}`;
            },
            bindDateChange: function(e) {
                this.date = e.detail.value;
            },
            onSubmit(){
                    var that = this;
                    uni.uploadFile({
                // url: 'http://localhost:8080/common/upload', //仅为示例,非真实的
接口地址
                        url: baseUrl+"/common/upload",
                        filePath: this.imgsrc,
                        name: 'file',
                        formData: {
                            'user': 'test'
                        },
                        success: (uploadFileRes) => {
                            //返回上传成功的信息
                            this.fileList1 = uploadFileRes.data;
                            let listData = JSON.parse(this.fileList1);
                            this.pic1 = listData.url; //获取返回地址
                            console.log("上传成功了,pic:" + this.pic1);
```

续代码 4-8

```
                        //准备添加数据
                            that.form.dt=this.date,
                            that.form.pic=this.pic1,
                            that.form.name=this.message.name,
                            that.form.txt=this.message.txt
console.log("aaa"+that.form.pic);
                            addCzs(that.form).then(response => {
                            that.$modal.msgSuccess("新增成功");

                            that.open = false;
                            uni.reLaunch({
                            url:"/pages/index/index"
                                })
                            });
                            success: (res) => {
                                    console.log(res.data);
                                    that.text = 'request success';
                                    uni.reLaunch({
                                        url:"/pages/index/index"
                                    })
                                }
                        }
                })
            },
            imgclick() {
                // 选择图片
                var that = this;
                uni.chooseImage({
                    count: 1, //默认9
                    sizeType: ['compressed'], //可以指定是原图还是压缩图,默认二
者都有
                    sourceType: ['album'], //从相册选择
```

续代码4-8

```
                        success: function(res) {
                        that.imgsrc = res.tempFilePaths[0];
                        }
                    })
                },
            },
        }
</script>
<style lang="scss">
.out{
    padding: 30rpx;
    .row{
        margin-bottom: 10rpx;
    }
    .text{
        border:1px solid #ccc;
        margin-bottom: 10rpx;
        height: 350rpx;
    }
    .border{
        border:1px solid #ccc;
        width:100%;
        min-height: 60rpx;
        box-sizing:border-box;
    }
    .imgclass{
        height: 320rpx;
        margin-left: 10rpx;
    }
}
</style>
```

续代码4-8

第八节 我的设置

单击“我的”，出现如图4-23所示界面：

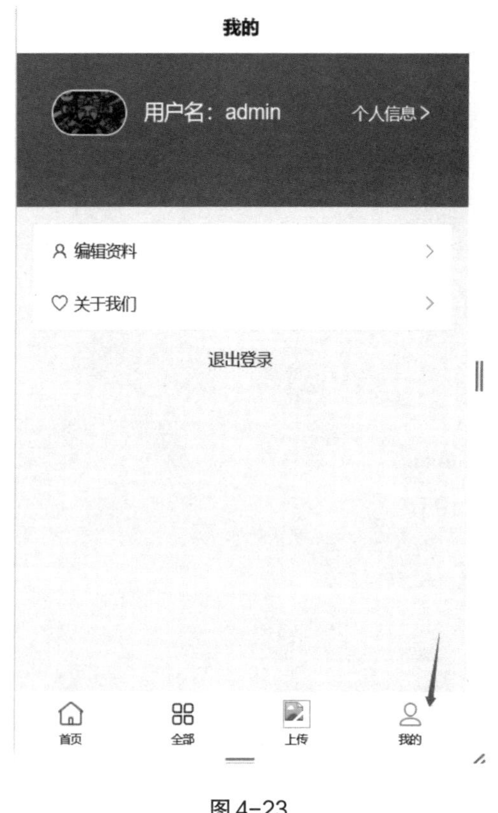

图4-23

一、修改头像

单击图片，进入相册，选择新图片，即可完成头像修改。

二、编辑资料

单击“编辑资料”，将出现如图4-24所示界面，按屏幕提示输入相应信息，然后单击“提交”按钮。

图 4-24

三、退出系统

单击“退出系统”按钮，将出现如图4-25所示界面，单击“确认”按钮后，将返回登录界面。

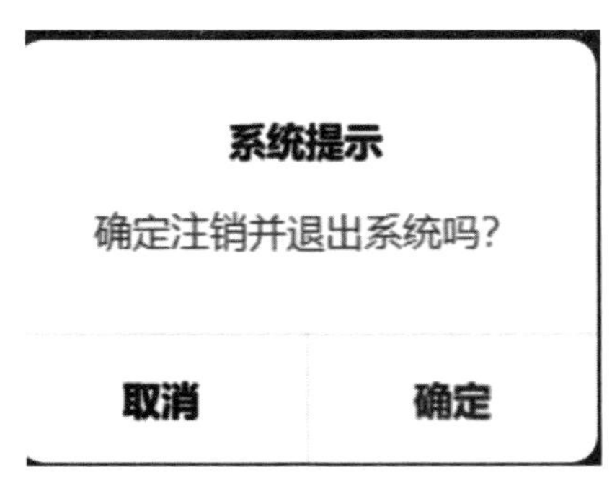

图 4-25

在 D:\myczs\pages\mine\index.vue 文件中用代码4-9可实现以上功能。

```
<template>
 <view class="mine-container" :style="{height: '${windowHeight}px`}">
  <!--顶部个人信息栏-->
  <view class="header-section">
   <view class="flex padding justify-between">
    <view class="flex align-center">
     <view v-if="!avatar" class="cu-avatar xl round bg-white">
      <view class="iconfont icon-people text-gray icon"></view>
     </view>
<image v-if="avatar" @click="handleToAvatar" :src="avatar" class="cu-avatar xl round"
mode="widthFix">
     </image>
     <view v-if="!name" @click="handleToLogin" class="login-tip">
      点击登录
     </view>
     <view v-if="name" @click="handleToInfo" class="user-info">
      <view class="u_title">
       用户名:{{ name }}
      </view>
     </view>
    </view>
    <view @click="handleToInfo" class="flex align-center">
     <text>个人信息</text>
     <view class="iconfont icon-right"></view>
    </view>
   </view>
  </view>
   <view class="menu-list">
    <view class="list-cell list-cell-arrow" @click="handleToEditInfo">
     <view class="menu-item-box">
      <view class="iconfont icon-user menu-icon"></view>
```

代码4-9

```
        <view>编辑资料</view>
      </view>
    </view>
    <view class="list-cell list-cell-arrow" @click="handleAbout">
      <view class="menu-item-box">
        <view class="iconfont icon-aixin menu-icon"></view>
        <view>关于我们</view>
      </view>
    </view>
    <!-- <view class="list-cell list-cell-arrow" @click="handleToSetting">
      <view class="menu-item-box">
        <view class="iconfont icon-setting menu-icon"></view>
        <view>应用设置</view>
      </view>
    </view> -->
  </view>
              <view class="content text-center" @click="handleLogout">
                <text class="text-black">退出登录</text>
              </view>
  </view>
</view>
</template>
<script>
  import storage from '@/utils/storage'
  export default {
    data() {
      return {
        name: this.$store.state.user.name,
        version: getApp().globalData.config.appInfo.version
      }
    },
```

续代码 4-9

```
computed: {
  avatar() {
    return this.$store.state.user.avatar
  },
  windowHeight() {
    return uni.getSystemInfoSync().windowHeight - 50
  }
},
methods: {
  handleToInfo() {
    this.$tab.navigateTo('/pages/mine/info/index')
  },
  handleToEditInfo() {
    this.$tab.navigateTo('/pages/mine/info/edit')
  },
  handleToSetting() {
    this.$tab.navigateTo('/pages/mine/setting/index')
  },
  handleToLogin() {
    this.$tab.reLaunch('/pages/login')
  },
  handleToAvatar() {
    this.$tab.navigateTo('/pages/mine/avatar/index')
  },
  handleLogout() {
    this.$modal.confirm('确定注销并退出系统吗？ ').then(() => {
      this.$store.dispatch('LogOut').then(() => {
        this.$tab.reLaunch('/pages/index')
      })
    })
  },
```

续代码 4-9

```
handleHelp() {
  this.$tab.navigateTo('/pages/mine/help/index')
},
handleAbout() {
  this.$tab.navigateTo('/pages/mine/about/index')
},.
handleBuilding() {
  this.$modal.showToast('模块建设中～') } } }
```

续代码 4-9

第九节　发布上线

要使自己开发的小程序上线，在微信小程序中能够应用，首先需要有一台服务器、一个域名，以及域名认证，并将域名解析到服务器的IP地址上；然后在服务器上布署小程序，并进行相应的配置；最后注册小程序，编写软件代码，发布上线，待审批之后，即可正常使用。

一、服务器

登录https://cloud.tencent.com腾讯云，单击右上角的“免费注册”，用微信扫码授权登录腾讯云，根据提示注册一个腾讯云账号，并进行实名认证；然后选购一台服务器，如图4-26所示：

图 4-26

选购好云服务器后，腾讯云会提供一台云服务器，并分配一个IP地址（如175.24.167.182）和一个内部IP地址（如10.0.16.16），在“查看详情”中可以看到，如图4-27所示。在后面的配置中会使用这两个IP地址。

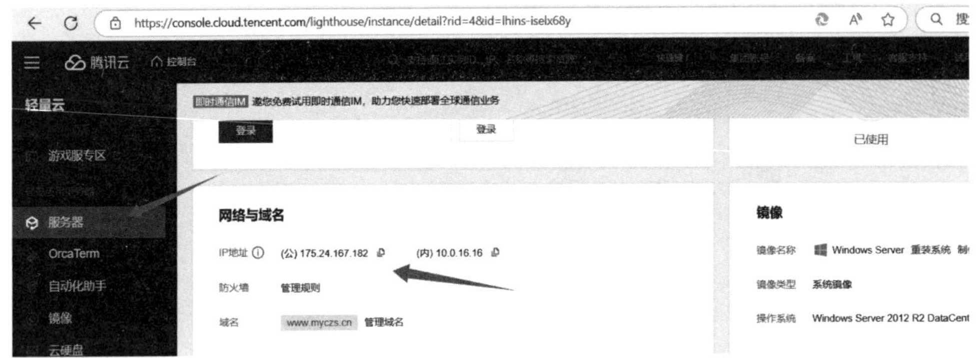

图4-27

还可以购买MySQL数据库，记住内部IP地址（如10.0.4.17:3306），如图4-28所示。至此就有了一台云服务器和一个数据库。数据库可以直接安装在服务器上。

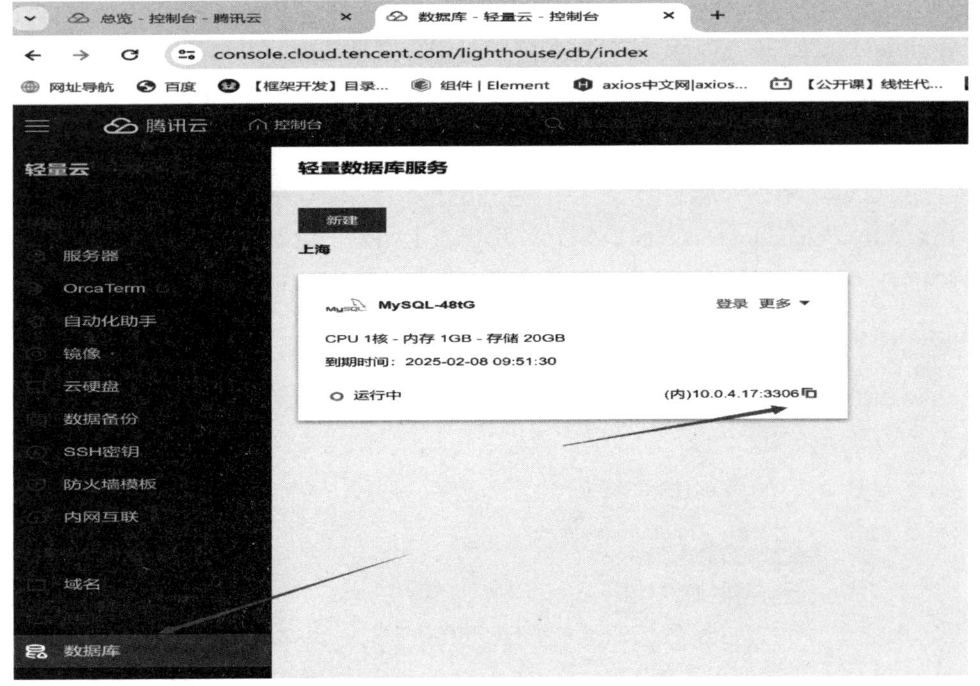

图4-28

二、域名

（一）注册

登录腾讯云，进入“域名注册”，如图4-29所示，本书示例注册的域名是“myczs.cn”。

图4-29

（二）SSL证书

域名注册成功后，进入腾讯云中的“SSL证书”界面购买证书，如图4-30所示。待签发后单击“去托管”，将证书交由腾讯云托管。单击“下载”，按需要格式下载证书，以便系统配置时使用。

本书示例下载的是“IIS（pfx文件）”文件格式，其中myczs.cn.pfx为证书文件，keystorePass.txt为证书密码文件。

（三）解析

SSL证书签发后，将域名与IP地址关联。进入腾讯云“云解析DNS”，添加域名，按提示输入域名“myczs.cn”，进入解析界面。单击“添加记录”，按屏幕提示输入主机记录“www和@”（添加两条记录），记录类型“A”，记录值“175.24.167.182”，即将域名解析为IP地址，如图4-31所示：

图 4-30

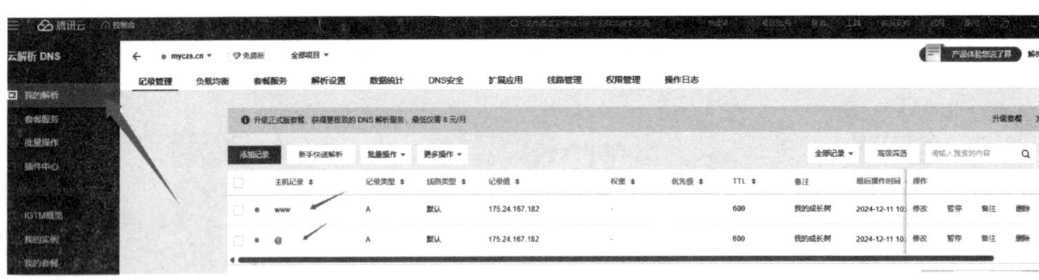

图 4-31

（四）备案

进入腾讯云“ICP备案”，单击“继续备案”，按提示输入备案号、名称、负责人等内容即可，如图4-32所示。

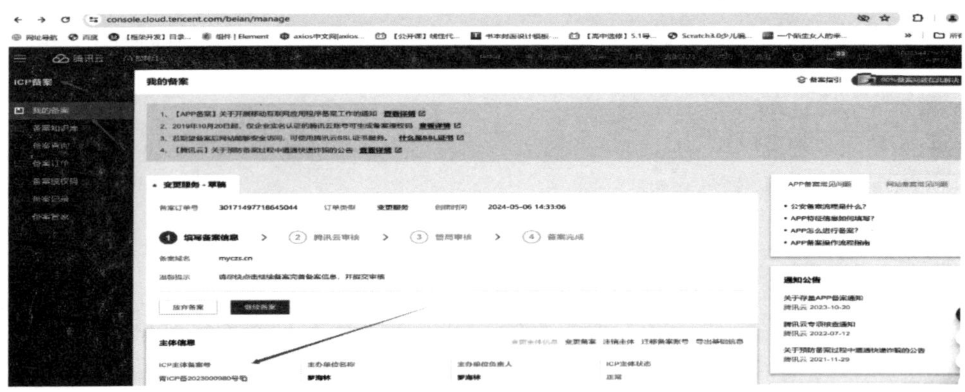

图 4-32

三、HTTPS配置

进入腾讯云“内容分发网络CDN”，单击“域名管理”，在域名列表的右侧单击“管理”，进入HTTPS配置界面，如图4-33所示。单击“HTTPS配置”，根据屏幕提示输入证书来源：腾讯云托管证书或上传托管证书，证书备注我的成长树等相关内容，即完成HTTPS配置。

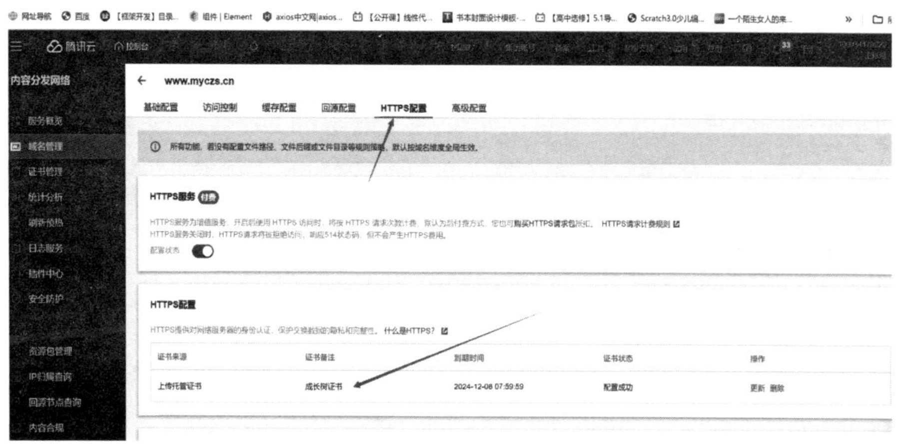

图4-33

四、注册小程序

进入微信公众平台（https://mp.weixin.qq.com/），单击“注册”，按屏幕提示填写邮箱、密码等信息，注册一个小程序账号，如图4-34所示。

图4-34

至此，准备工作基本完成，可以在服务器上部署Java、MySQL、redis、Maven和Ruoyi等系统了。

五、服务器配置

以云服务器windows Server2012R2为例，单击“服务器管理器”，在IIS服务器名称10.0.16.16上单击右键，在弹出的菜单上选择“计算机管理”进入计算机管理界面。单击“服务和应用程序->Internet Information Services(IIS)管理器->10_0_16_16”进入服务器主页，如图4-35所示。

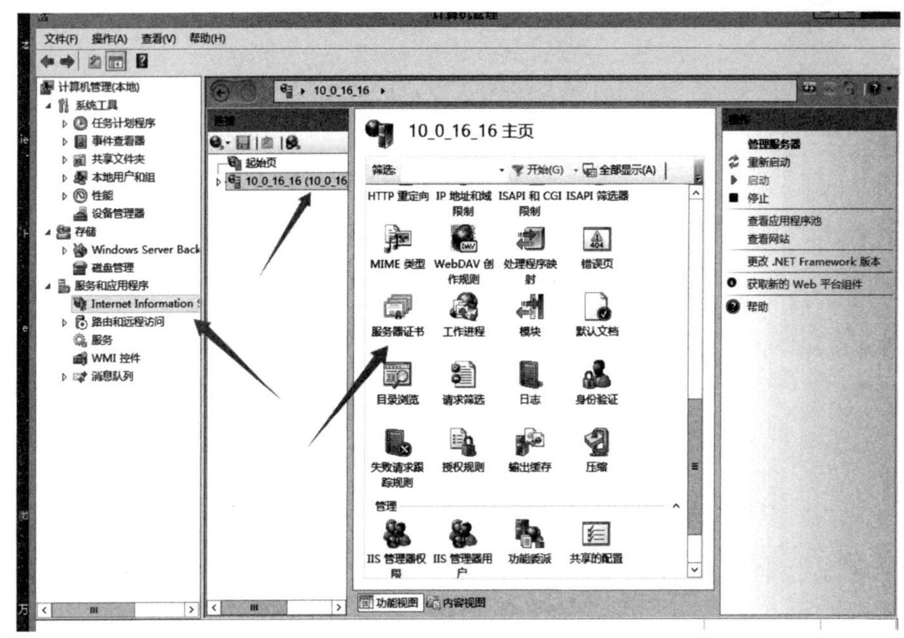

图4-35

（一）导入证书

将在“SSL证书”节中下载的IIS格式的证书文件拷贝到服务器指定目录中，本书示例目录为C:\ myczs.cn_iis。单击主页中的“服务器证书”图标，再单击右上角“导入…”按钮，屏幕出现导入证书界面，如图4-36所示。按屏幕提示输入证书文件“C:\myczs.cn_iis\myczs.cn.pfx”（可通过浏览选择），密码“p1191c52917b”（打开密码文件keystorePass.txt复制），选择证书存储“个人”，然后单击“确定”按钮，即完成证书的导入。

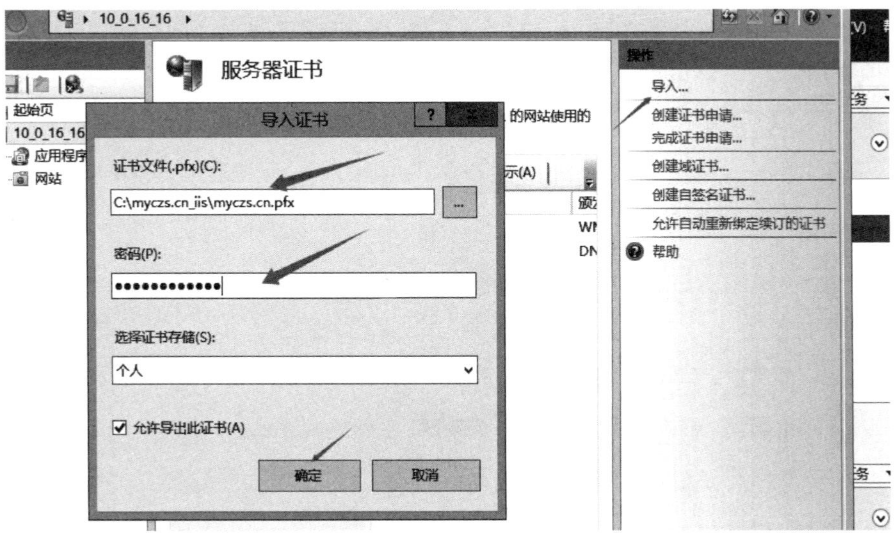

图 4-36

（二）添加网站

在服务器主页左侧打开“10_0_16_10”下拉菜单，单击“网站”，再单击右侧“添加网站”，将出现如图 4-37 所示画面。输入网站名称“myczs”，应用程序池“myczs”，物理路径“C:\myczs”（浏览 C 盘，选定 C:\myczs 目录）等信息后单击“确定”按钮。

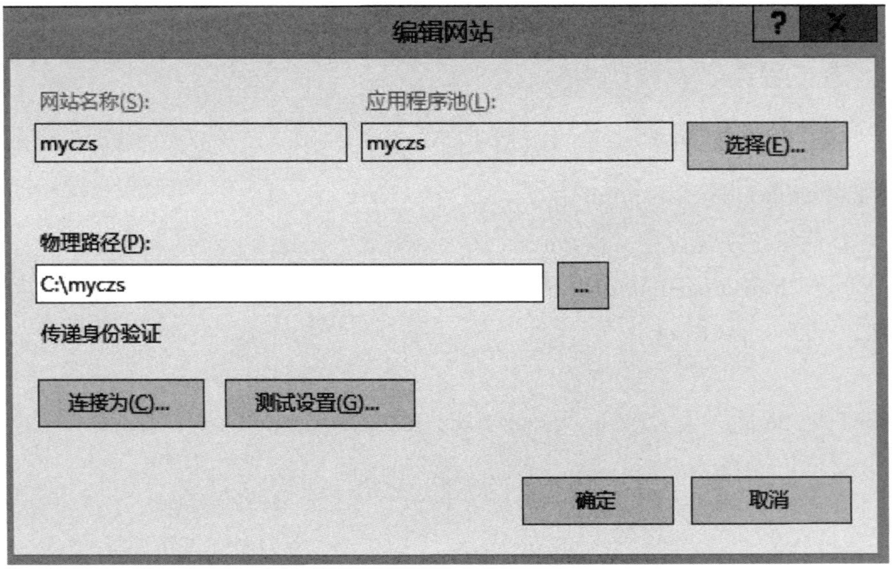

图 4-37

（三）绑定网站

添加好网站后，单击网站名“myczs”，再单击右侧“绑定”，将出现如图4-38所示画面。输入类型“https”，IP地址“全部未分配”，端口“443”，主机名“www.myczs.cn”，SSL证书选择“myczs.cn”（前面导入证书后此处才能看到）等信息后，单击“确定”按钮，即完成了网站的绑定。

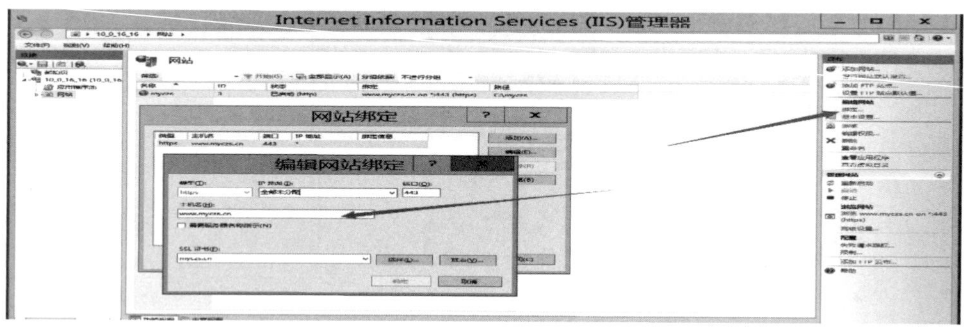

图4-38

（四）准备网页文件

在C:\myczs目录下存放index.html文件，代码如代码4-10所示。其内容就是网站要执行的第一屏内容。

```
<!DOCTYPE html>
<html lang="en">
  <head>
    <meta charset="UTF-8" />
    <div>费而隐科技公司</div>
      <div>网络正在建设中.......</div>
      <a href="https://beian.miit.gov.cn/#/Integrated/index" target="_blank">备案号：青ICP备2023000980号-2</a>
    <script>
      var coverSupport = 'CSS' in window && typeof CSS.supports === 'function' && (CSS.supports('top: env(a)') ||
        CSS.supports('top: constant(a)'))
      document.write(
        '<meta name= "viewport" content= "width=device-width, user-scalable=no, initial-scale=1.0, maximum-scale=1.0, minimum-scale=1.0' +
```

代码4-10

```
    (coverSupport ? ', viewport-fit=cover' : '') + '" />')
  </script>
  <title></title>
  <!--preload-links-->
  <!--app-context-->
 </head>
 <body>
  <div id="app"><!--app-html--></div>
  <script type="module" src="/main.js"></script>
 </body>
</html>
```

续代码 4-10

（五）启动网站

右键单击网站名myczs->管理网站->启动，即完成网站的启动。在浏览器输入“https://www.myczs.cn”，浏览器中将显示“费而隐科技公司”等网站信息，表示以上配置正确。

（六）后台端口SSL证书配置

首先将在“SSL证书”节中下载的IIS格式证书文件myczs.cn.pfx拷贝到/ruoyi-admin目录下。进入application.yml配置文件中，添加如图4-39所示代码。密码“key-store-password: p1191c52917b”（打开密码文件keystorePass.txt复制），端口port为“8080”。

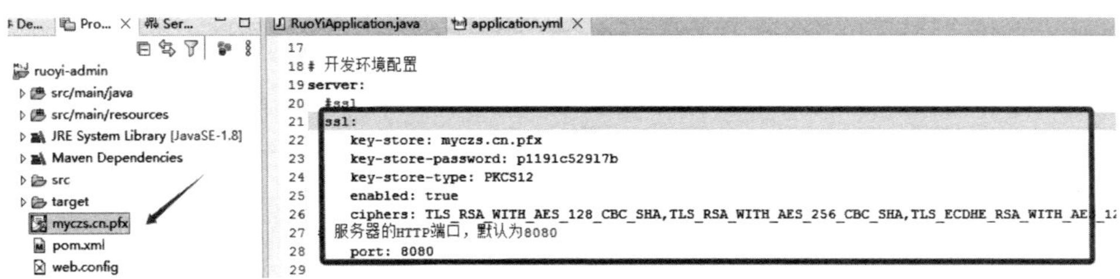

图4-39

（七）redis数据库配置

进入application.yml配置文件，添加如图4-40所示代码。IP地址为安装Redis数据库所在服务器IP地址，本书示例IP地址为“10.0.16.16”，端口号“6379”，密码为空，然后启动数据库。

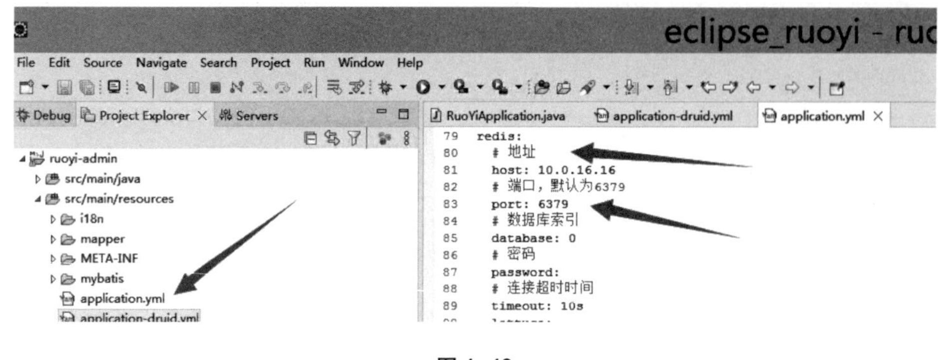

图4-40

（八）MySQL数据库配置

进入application-druid.yml配置文件，添加如图4-41所示代码。地址为数据库服务器IP，本书示例IP地址为“10.0.4.17”，端口号“3306”，用户名（username）“root”，密码（password）“lzxzdLHL123”。

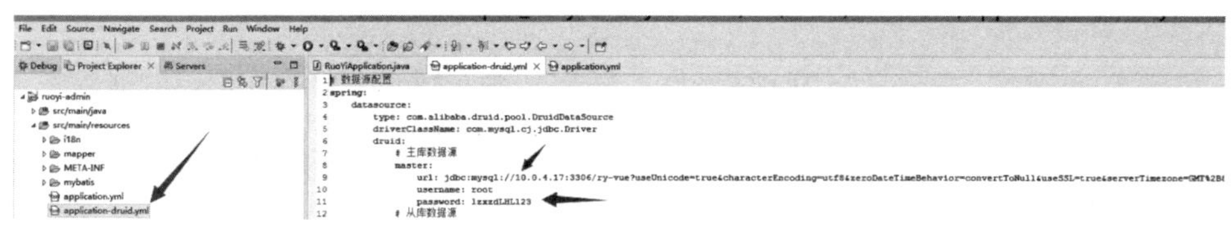

图4-41

（九）启动系统

右键单击/ruoyi-admin/src/main/java/com/ruoyi/RuoYiApplication.java文件，选择Run As->java Aplication启动系统，出现如图4-42所示画面，表示系统启动成功。此时，在浏览器输入“https：//www.myczs.cn:8080”。浏览器中将显示“欢迎使用RuoYi后台管理框架，当前版本：v3.8.5，请通过前端地址访问。”，表示以上配置正确。

（十）小程序配置

登录微信公众平台（https://mp.weixin.qq.com/），在“开发管理”中配置服务器域名为“https://www.myczs.cn:8080”，如图4-43所示：

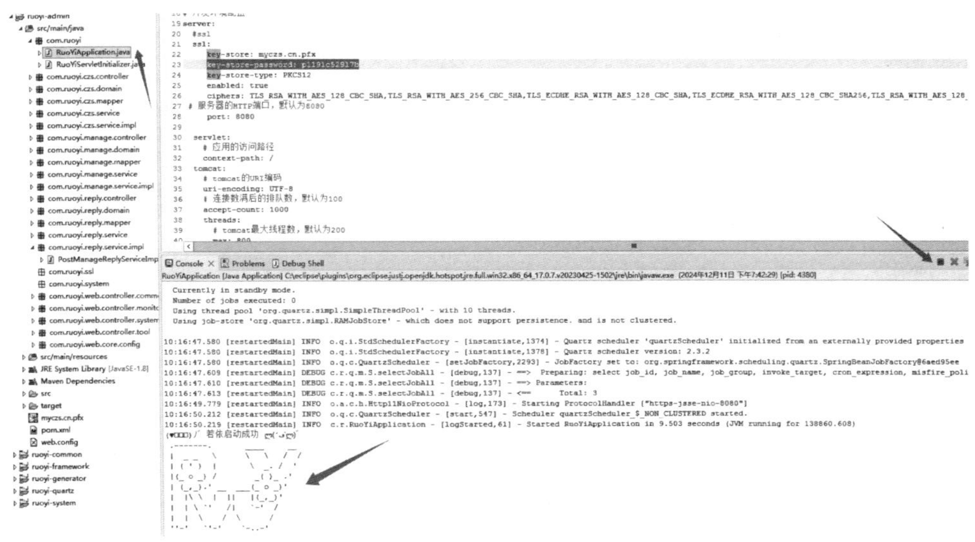

图 4-42

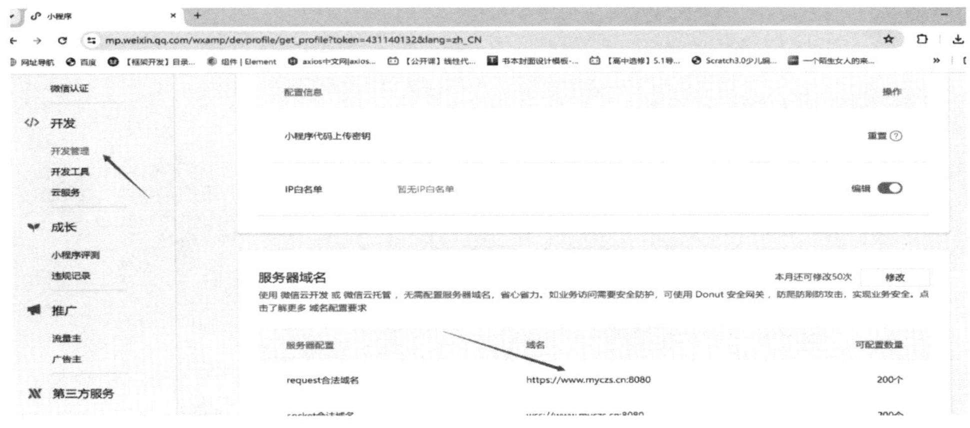

图 4-43

六、微信开发者工具

（一）下载

登录微信公众平台（https://mp.weixin.qq.com/），单击“开发与服务->开发工具->开发者工具->下载”，将出现如图 4-44 所示画面，单击“windows64”即开始下载。

图4-44

（二）安装

双击下载好的wechat_devtools_1.06.2409140_win32_x64.exe文件，即开始安装到指定目录下，本书示例目录为C:\Program Files (x86)\Tencent\微信web开发者工具\，如图4-45所示：

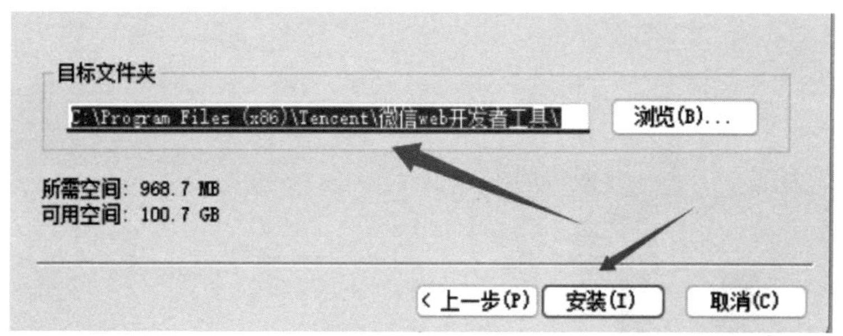

图4-45

（三）启动

文件安装好后，在电脑桌面上出现“微信开发者工具”图标，单击图标，小程序即开始启动。等小程序启动后，单击右上角设置图标，然后单击“安全”图标，将“服务端口”开关打开，如图4-46所示。

（四）设置运行路径

在HBuilder X编辑器中设置运行路径。打开HBuilder X编辑软件，单击“工具->设置->运行配置”，在“微信开发者工具路径”中输入安装路径，本书示例安装路径为“C:\Program Files (x86)\Tencent\微信web开发者工具”；然后在文件菜单中单击“保存”

按钮，如图4-47所示：

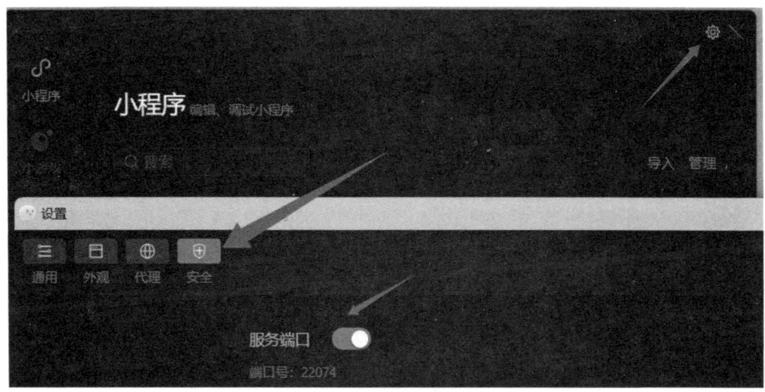

图4-46

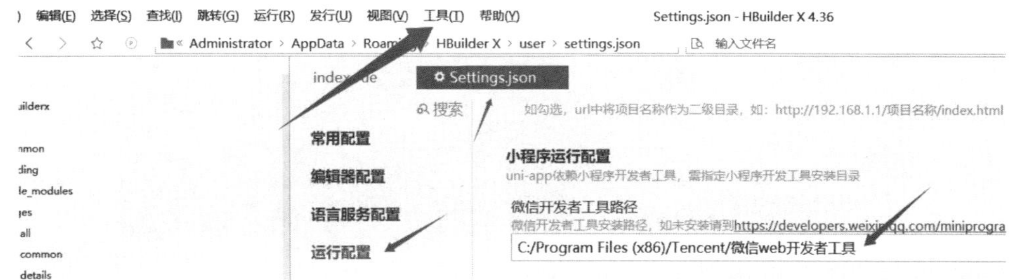

图4-47

（五）模拟运行小程序

单击“运行->运行到小程序模拟器->微信开发者工具”，系统开始编译到项目unpackage\dist\dev\mp-weixin目录下运行。出现如图4-48所示画面，表示小程序运行成功。

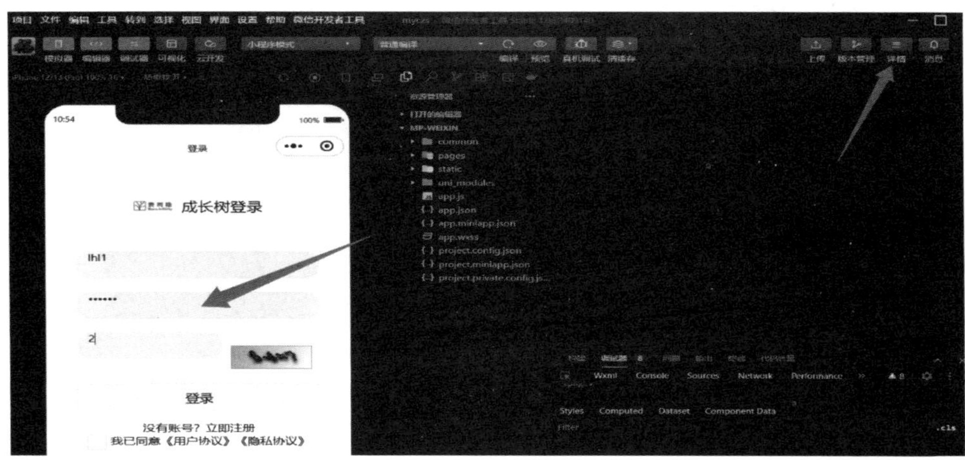

图4-48

七、发布

上传编写好的代码，经审核、发布后，在手机微信中就可以查找到我们开发的小程序了。

进入微信开发者工具，单击右上角“详情”，可看到基本信息、性能质量、本地设置、项目配置等标签，在本地设置中取消“不检验合法域名”勾选，如图4-49所示：

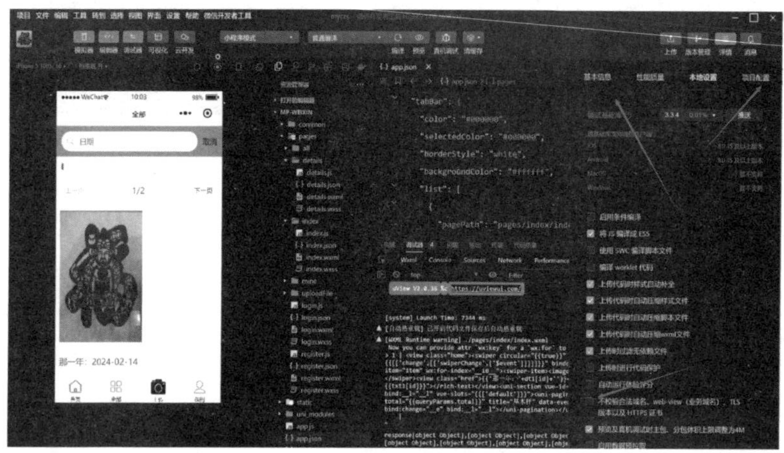

图4-49

进入微信开发者工具，单击右上角“上传”按钮，显示上传界面，填写版本号，单击“上传”按钮，出现上传成功的提示，表示上传成功，如图4-50所示：

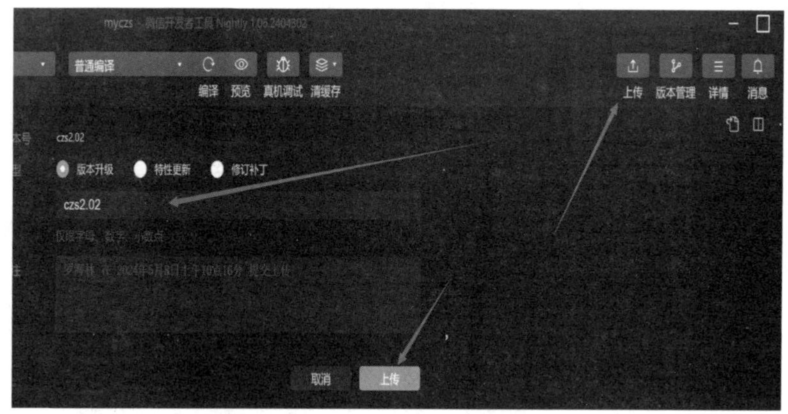

图4-50

登录微信公众平台（https://mp.weixin.qq.com），在“版本管理”中出现“开发版本”，用手机微信扫描体验版二维码，即可在指定人员手机上看到小程序运行，但其他人看不到。提交审核，并审核通过后，即成为线上版本，其他人就可以在微信上看到了，如图4-51所示：

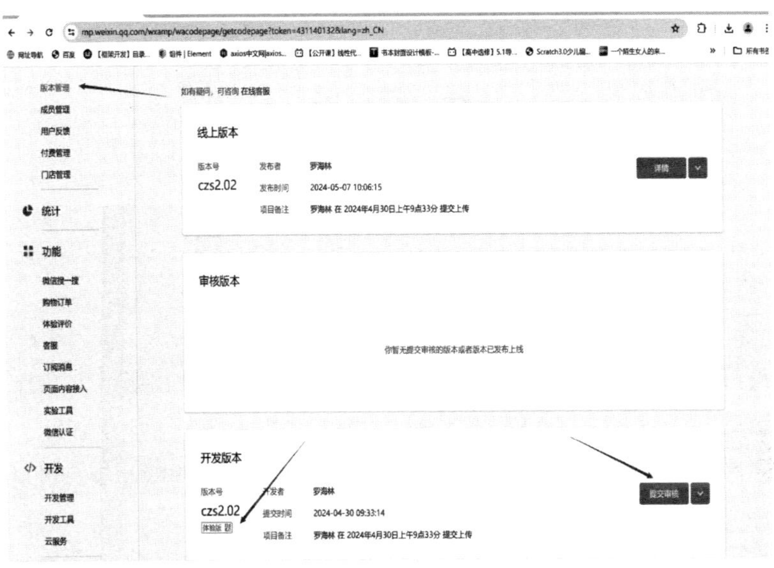

图4-51

登录微信公众平台，单击左下角“我的成长树->账号设置”，下载小程序二维码，用手机微信扫描二维码，即可运行开发好的小程序，如图4-52所示：

图4-52

当然，在“手机微信->发现->小程序”中搜索“我的成长树”运行更方便。至此，一个完整的微信小程序就开发完成了。以后需要修改和完善小程序功能时，只需将修改过的代码再次上传审核。

参考文献

[1] 陈丹丹，李银龙. Java开发宝典［M］. 北京：机械工业出版社，2012.

[2] 唐学忠. SQL Server 2000数据库教程［M］. 北京：电子工业出版社，2005.

[3] 马子洋，任正一，赵国平. Windows Server 2003网络构架与管理［M］. 北京：机械工业出版社，2003.

[4] 高光华，罗海林. 公务员微机实用技术［M］. 西宁：青海人民出版社，1998.

[5] 罗海林. 实用微机速成［M］. 西宁：青海人民出版社，1993.

[6] 宋波，李晋，李妙妍，等. Java 程序设计——基于JDK 9与NetBeans实现［M］. 2版. 北京：清华大学出版社，2024.

[7] 张益珲. 循序渐进 Vue.js 3.x前端开发实践［M］. 北京：电子工业出版社，2024.